Kurt Häfner

LANZ

Kühler-Bulldogs

von 1928 bis 1942

franckh HISTORISCHE TECHNIK

Das Lanz-Werk im Jahr vor dem Zweiten Weltkrieg.

Kurt Häfner

LANZ

Kühler-Bulldogs
von 1928 bis 1942

franckh

Franckh'sche
Verlagshandlung
Stuttgart

Umschlag gestaltet von Kaselow-Design, München, unter Verwendung einer Aufnahme von Kurt Häfner. Sie zeigt den hervorragend restaurierten Eil-Bulldog, Baujahr 1939, von Willi Denu.

Mit 192 Schwarzweiß- und 23 Farbabbildungen. Sie stammen, wenn nicht anders gekennzeichnet, aus dem Archiv der John-Deere-Werke, Mannheim, oder von K. Häfner.

CIP-Titelaufnahme
der Deutschen Bibliothek

Häfner, Kurt:
Lanz : Kühler-Bulldogs von 1928 bis 1942 /
Kurt Häfner. – Stuttgart : Franckh, 1989
(Franckh historische Technik)
ISBN 3-440-05993-6

Franckh'sche Verlagshandlung,
W. Keller & Co., Stuttgart / 1989

Printed in Germany / Imprimé en Allemagne
L 10 HU H ste / ISBN 3-440-05993-6
Satz: G. Müller, Heilbronn
Reproduktionen: Gerold Schmid, Stuttgart
Herstellung: Richterdruck, Würzburg

Inhalt

Teil 5
Kühler-Bulldogs

Ein Wort vorab

Liebe Leser,
endlich ist es soweit, das lang ersehnte und von vielen mit Ungeduld erwartete Buch „Lanz Band 2“ liegt auf dem Tisch und kann von Ihnen gelesen oder genossen werden. Denn, so sagte mir kürzlich ein begeisterter Leser am Telefon, die Lanz-Bücher sind zu schade, um sie nur zu lesen, man muß sie genießen.

Bitte haben Sie Verständnis dafür, wenn die Zeitspannen zwischen den einzelnen Bänden doch etwas länger sind, als manchem von Ihnen lieb ist. Es liegt einfach daran, daß ich mich dieser Sache nur in meiner Freizeit widmen kann, denn wie die meisten von Ihnen bin auch ich berufstätig. Und bis die Arbeiten für ein Buch abgeschlossen sind, ist oft mehr als ein ganzes Jahr notwendig.

Das vorliegende Buch behandelt die Kühler-Bulldogs von 1928 bis 1942 in der gewohnt ausführlichen Weise und vermittelt dem Leser die Entwicklung der Bulldogs mit zeitgeschichtlichem Hintergrund. Auf vielfachen Wunsch wurde dazu das Buch mit technischen Angaben in Stichworten bereichert.

Die Bildqualität ist leider nicht immer so gut, wie es zu wünschen wäre. Doch von den einst tausenden von Bildern des Lanz-Werkes existiert heute nur noch ein verschwindend geringer Teil. Deshalb war es unumgänglich, viele Bilder aus weniger guten Vorlagen zu reproduzieren. Doch sicher sind Sie mit mir einer Meinung, daß der historische Wert dieser Bilder den Qualitätsverlust weit aufwiegt.

Ebenfalls dem Wunsch vieler Leser folgend, wird das Buch „Lanz Band 2“ künftig in vielen Buchhandlungen der Bundesrepublik vorrätig sein.

An dieser Stelle möchte ich mich bei allen genannten und ungenannten Mitarbeitern bedanken, welche an der Entstehung des vorliegenden Buches mitgeholfen haben, auch bei den Mitarbeitern der John Deere Werke, deren Werksarchiv mir wiederum zur Verfügung stand.

Mein besonderer Dank gilt jedoch meiner Familie, welche durch Verzicht vieler gemeinsamer Freizeit und durch aktive Mitarbeit dieses Buch überhaupt erst ermöglicht hat.

Kurt Häfner, im Januar 1989

Die Geschichte einer Firma

Pünktlich um 8 Uhr morgens fuhr der Herr Geheimrat Heinrich Lanz in seiner zweispännigen Herrschaftskutsche in sein Fabrikgelände ein, gesteuert und gelenkt vom Kutscher Lövenich, der auf dem „Bock" Platz genommen hatte und die Zügel fest in der Hand hielt.
Diese an allen Werktagen zu beobachtende morgendliche Fahrt fand so pünktlich statt, daß die umliegenden Anwohner ihre Uhren danach stellen konnten und die Mütter richteten schnell ihre Kinder für die Schule fertig, wenn das gleichmäßige trapp-trapp der Lanzschen Pferde zu vernehmen war. Denn Radios gab es damals, vor der Jahrhundertwende, noch nicht.
Ja, Pünktlichkeit war das oberste Gebot für Heinrich Lanz. Und das forderte er auch von seinen Arbeitern und Beamten, wie man damals die Angestellten noch nannte. Pünktlichkeit und Gehorsam als Grundlage für das Zusammenarbeiten so vieler Menschen auf oft engstem Raum, wo alles Hand in Hand gehen mußte. Und kam doch einer zu spät, so konnte es schon mal vorkommen, daß ihm Heinrich Lanz seine goldene Taschenuhr unter die Nase hielt mit der Bemerkung: „Wer bei mir arbeitet, fängt pünktlich an." Einmal soll er sogar am Schreibpult eines Beamten gesessen und dessen Arbeit weitergeführt haben, als dieser wenige Minuten nach 8 Uhr noch nicht erschienen war.
Dasselbe galt natürlich auch für den Feierabend. Kam es vor, daß er bei seinen abendlichen Rundgängen durch die Fabrik den einen oder anderen noch arbeiten sah, vielleicht weil etwas schiefgegangen war oder nicht so geklappt hatte, wie es sein sollte, so ließ er garantiert den Vorgesetzten am nächsten Tag zu sich kommen: „Entweder der Mann ist hier fehl am Platz oder Sie organisieren ihre Arbeiten zu schlecht."
Mit der Ordnung hielt er es genauso. Fand er etwa bei seinen täglichen Gängen durch die Werkstätten Schrauben, Muttern oder Nieten auf dem Boden liegen, so hob er sie auf und brachte sie schweigend dem Meister, der in das Gesicht von Heinrich Lanz sah und verstand. Zukünftig lagen in dieser Werkstatt keine Teile mehr auf dem Boden, die nicht dorthin gehörten.
Dies brachte es mit sich, daß die gesamte Fabrik, ob Büro, Werkstatt oder Lager, einen geordneten und aufgeräumten Eindruck machte. Das Arbeiten machte Spaß, und wer sich an die Anordnungen von Heinrich Lanz hielt und dabei seine Arbeit pflichtbewußt erledigte, der konnte auch alle Vorteile genießen, die in dieser Fabrik geboten wurden. Dazu gehörte in erster Linie der Lohn, der bei Lanz immer etwa 25 Prozent höher lag als bei anderen Mannheimer Firmen. So betrug im Jahre 1889 der Durchschnittswochenlohn bei Lanz nahezu 25 Mark, während die übrige Mannheimer Industrie nur 18 Mark bezahlte. Dazu kam ein jährliches Weihnachtsgeld von 40 Mark. Wer 25 Jahre bei Lanz beschäftigt war, erhielt eine goldene Uhr oder Bettwäsche in einem Wert von 200 Mark, was etwa acht Wochenlöhnen entsprach.
Wer Verbesserungsvorschläge einreichte, konnte mit einer fünfzigprozentigen Beteiligung an den Einsparungen rechnen. Ein weiteres Privileg war die allwöchentlich stattfindende Sprechstunde. Hier konnte jeder Mitarbeiter, oder auch die Angehörigen, bei Heinrich Lanz vorsprechen, wenn er in persönlichen Nöten war. Und hier soll es sehr oft vorgekommen sein, daß das fehlende Geld für die Doktorrechnung oder für die Pülverchen und Salben aus der Apotheke über den Schreibtisch geschoben wurde. „Hier nehmen Sie und wünschen Sie Ihrem Kind alles Gute, daß es bald wieder gesund wird." Zurückzahlen war nicht notwendig, denn die Sorgen um den Angehörigen waren groß genug, dazu sollten nicht noch Geldsorgen kommen.
Kam es doch einmal vor, daß einer Familie das Geld nicht ganz reichte, so mußte sie trotzdem nicht auf das Brot oder die Wurst verzichten, denn wer bei Lanz arbeitete, der konnte auch einmal anschreiben lassen. „Bist du bei Lanz, so hast du eine Lebensversicherung."
Auch bei der Dauer der täglichen Arbeitszeit war bevorzugt, wer bei Lanz arbeitete. So war zum ausgehenden neunzehnten Jahrhundert der Zwölfstundentag üblich. Als fortschrittlich galt, wer den Elfstundentag einführte. Eine Ausnahme machten die Mannheimer Maschinenfabriken, sie kürzten die Arbeitszeit auf 10½ Stunden täglich. Doch Heinrich Lanz war auch hier Vorreiter. Er führte 1895 den Arbeitstag mit 9½ Stunden Arbeitszeit ein und verkürzte ihn nur drei Jahre später auf 9 Stunden.
Die finanzielle Kraft aus der Fabrik von Heinrich

Lanz war so stark, daß er sich solche Privilegien leisten konnte. Und diese Großzügigkeit kam ihm ja wieder zugute; denn ging es seinen Arbeitern gut, so waren sie zufrieden und konnten mehr leisten als etwa Unzufriedene.
Auch gegenüber seiner Kundschaft zeigte er sich ähnlich großzügig und räumte Vorteile ein, bei denen viele Konkurrenten nicht mehr mithalten konnten. Dies brachte ihm manchen Auftrag mehr ein. Und es war ihm auch möglich, großzügige Kredite zu einem jährlichen Zins von 5 Prozent zu gewähren.
Voraussetzung war natürlich ein einwandfreier Leumund des Kunden. Es wurde sogar gemunkelt, daß er einer Mannheimer Bank mit einem Millionenkredit über vorübergehende Schwierigkeiten hinweghalf, nur weil der Direktor zu seinem persönlichen Freundeskreis zählte.
All diese Umstände führten dazu, daß sich die Mehrheit der über 2000 Arbeiter und Beamten recht wohl in dieser Fabrik fühlte und gerne bei Heinrich Lanz arbeitete. Deshalb verfügte Lanz über einen ungewöhnlich großen Stamm altgedienter Mitarbeiter, Mitarbeiter, die oft über Jahre hinweg die gleiche Arbeit verrichteten, ohne daß sich viel geändert hätte. Doch aus Arbeitgebersicht konnte der Stand der Technik nicht stillstehen, im Gegenteil, er mußte immer bemüht sein, neueste Verfahrenstechniken und wirtschaftlichste Bearbeitungsmöglichkeiten einzuführen, wollte er nicht eines Tages von seinen Konkurrenten überholt werden.
So auch bei Heinrich Lanz. Ihm war bekannt, daß in dem riesigen Land Amerika sehr viel zweckmäßiger gearbeitet wurde als hier in Deutschland. Das hing natürlich mit der großen Nachfrage nach landwirtschaftlichen Maschinen und den damit verbundenen großen Stückzahlen zusammen. Also plante er im Jahre 1902 eine Reise nach Amerika, um die dortige Landmaschinenindustrie zu studieren. Bei dieser Gelegenheit besuchte er auch die Firma John Deere und traf mit Charles Deere, dem Sohn des Gründers, zusammen. John Deere war im Jahre 1886 verstorben.
Das Ziel seiner Reise war: Amerikanische Ingenieure sollten Heinrich Lanz helfen, technische Neuerungen in seiner Fabrik einzuführen. Und schon bald nach seiner Rückkehr trafen die ersten Maschinen in Mannheim ein. Ganze Fertigungszweige wurden verändert. Wo vorher Handarbeit vorherrschte, standen jetzt Maschinen und verrichteten dieselbe Arbeit in einer viel kürzeren Zeit. Natürlich blieb es nicht aus, daß dabei einzelne Arbeiter ihren gewohnten Arbeitsplatz verloren. Doch keiner wurde entlassen, soweit es ging, wurden sie umbesetzt. Einige davon mußten natürlich umgeschult werden, um sie in anderen Bereichen unterzubringen. Zu diesen Neuerungen wurde, wo es notwendig war, das Arbeitstempo gesteigert, ebenso wurden die Kontrollen vermehrt.
Die Folge dieser Umstellung waren erste Unruhen, die sich in der Fabrik ausbreiteten. Als dann noch Stechuhren eingeführt werden sollten, die ersten waren bereits in der Kesselschmiede montiert, fühlten sich manche Arbeiter verraten und verkauft. Es kam zum Vertrauensbruch zwischen Heinrich Lanz und seinen Arbeitern. Im Februar 1903 wurde zum ersten Mal in der über 40 Jahre alten Geschichte dieser Fabrik gestreikt. 192 von 208 Kesselschmieden legten ihre Arbeit nieder, worauf ihnen gekündigt wurde. Nach zehn Tagen harter Verhandlungen, in welchen selbst das Mannheimer Gewerbegericht und die großherzogliche Fabrikinspektion als Vermittler fungierten, wurden die Kündigungen zurückgenommen, die Arbeiten fortgesetzt. Alles schien wieder beim alten, doch das Vertrauen konnte nicht wieder hergestellt werden. Mitte Juni kam es in der Kesselschmiede erneut zum Streik, in dessen mehrwöchigem Verlauf sich die Fronten mehr und mehr verhärteten. Wiederum wurden Kündigungen ausgesprochen. Am 13. August wurden die Kesselschmiede durch die Mehrzahl der übrigen Lanzschen Arbeiter, genau 1.596 von 2.435, durch Ausstand unterstützt. Diesmal waren die Verhandlungen so festgefahren, daß eine Einigung nicht mehr in Sicht war. Die Arbeiter fingen an, sich Sorgen um die Zukunft zu machen, angesichts des bevorstehenden Winters. Auch den Frauen und Müttern standen die Sorgen ins Gesicht geschrieben, wie etwa am Mittagstisch, wenn die hungrigen Kinder dasaßen und die Teller bei weitem nicht mehr so voll waren wie noch Wochen zuvor. Bei vielen hatte schon der erste Streik die Reserven aufgezehrt.
In ihrer Not wandten sich die Arbeiter schließlich an Ihre Majestät, den Großherzog von Baden, der sie auch nicht enttäuschte. Nach weiteren Verhandlungen, bei welchen Kompromisse geschlossen wurden, konnten die Arbeiten schließlich am 31. August weitergeführt werden. Doch

die Situation in der Fabrik hatte sich geändert. Heinrich Lanz war gezwungen, viele Arbeiten über die Dauer des Streiks nach außerhalb zu vergeben, ebenso mußte eine Vielzahl neuer Maschinen angeschafft werden, sollte die Fertigung wenigstens einigermaßen weiterlaufen. Viele Produkte konnten aber trotzdem nicht rechtzeitig fertiggestellt und termingerecht ausgeliefert werden, dazu ging die Saison der Erntemaschinen dem Ende zu. Ebenso konnten über die Dauer des Streiks keine neuen Aufträge entgegengenommen werden, da sich viele Kunden der Konkurrenz zuwandten. Dadurch waren viele der vorher bestehenden Arbeitsplätze überflüssig geworden und es konnten nicht mehr alle Kündigungen zurückgenommen werden. Bei den Einstellungen wurde aber darauf geachtet, daß verheiratete Kesselschmiede mit Kindern wie auch langjährige Mitarbeiter bevorzugt wurden. So wurden von 170 außenständigen Schmieden 95 wieder eingestellt. Jetzt sahen viele ihr ungerechtes Verhalten ein, vor allem jene, die mit ihrem Arbeitsplatz dafür bezahlen mußten.

Schon damals befaßte sich Heinrich Lanz mit dem Gedanken, seine bis dahin als Einzelhandelsfirma geführte Fabrik in eine GmbH umzuwandeln, doch kam es nicht mehr dazu: Er verstarb am 1. Februar 1905 nach einer kurzen Krankheit. Viele seiner Zeitgenossen, die ihn näher kannten, gaben den Kesselschmieden die Schuld an seinem frühen Tod, sagten, die Belastung der letzten Jahre habe ihn aufgerieben.

Heinrich Lanz führte seine Fabrik 45 Jahre lang. In dieser Zeit war er ständig beschäftigt, Grundstücke zu kaufen, Produktionsstätten zu errichten sowie die Kapazität der Produktion laufend zu erhöhen. Waren dabei zunächst die landwirtschaftlichen Maschinen wie etwa Futterschneidmaschinen, Schrotmühlen, Strohpressen, Strohheber, Dreschmaschinen und Göpel jene Produkte, mit welchen er große Absatzzahlen erreichte, so änderte sich dies in den Jahren vor der Jahrhundertwende durch die immer weiter steigenden Absatzzahlen der Lokomobile. Dieser Fertigungsbereich wurde im Jahre 1879 in die Firma aufgenommen, zunächst zum Antrieb von Dampfdreschmaschinen, also wiederum für die Landwirtschaft.

Doch die Lokomobilfabrik war inzwischen zum wichtigsten Teil der Firma geworden, wobei der Absatz der gewerblichen Lokomobile weit in den Vordergrund gerückt war. Dadurch konnten saisonbedingte Umsatzrückgänge im landwirtschaftlichen Fertigungsbereich ausgeglichen werden, ohne daß die jährlichen Zuwachsraten abfielen. Die Firma Lanz verzeichnete zwischen den Jahren 1896 bis 1899 eine durchschnittliche Wachstumsrate von über 30 Prozent, der Umsatz erreichte inzwischen über 12,4 Millionen Mark. Diese Zahlen wären bei weitem nicht erreicht worden, hätte Lanz nicht mehr und mehr an andere Länder geliefert. Doch die Ausfuhrmöglichkeiten der deutschen Landmaschinenindustrie hing stark von den Handelsverträgen ab. Nach der Gründung des Deutschen Reichs erweiterte sich der Export der Lanzschen Produkte auf alle europäischen Staaten, dann auch auf die Sowjetunion, auf Algerien, Syrien, Mexiko und Südamerika. Selbst im fernen China wurden erste Abschlüsse getätigt. Bisher war die Ausfuhr hauptsächlich auf Holland, die Schweiz und Österreich-Ungarn beschränkt gewesen.

Eine neue Zeit bricht an!

Nach dem Tod von Heinrich Lanz ging die Fabrik ungeteilt an die Erben über, die Einzelhandelsfirma bestand zunächst weiter und wurde im Jahre 1909, zum fünfzigjährigen Betriebsjubiläum, in eine offene Handelsgesellschaft umgewandelt.

Die Leitung der Firma übernahm Dr. Karl Lanz, der Sohn des Gründers, den Direktorposten behielt, wie schon in den letzten Jahren von Heinrich Lanz, Paul Zabel. Im Gegensatz zu seinem Vater vergrößerte Karl Lanz das Werk nicht mehr, er setzte sein Augenmerk mehr auf die innerbetriebliche Modernisierung. Die bei Heinrich Lanz zunächst ganz unsystematisch aufgebaute Produktion und die oft durch lange Transportstrecken unterbrochenen Fertigungswege wurden allmählich nach den einzelnen Arbeitsgängen gruppiert, so daß die Produktion Hand in Hand ging. Dazu war Karl Lanz mehr darauf bedacht, bestehende Werke aufzukaufen und auf bestimmte Produkte zu spezialisieren sowie auch andere Produktzweige zu erschließen.

Eine der ersten in diese Richtung führende Aktion war die Verbindung mit Johann Schütte, Professor an der TH Danzig und neben Graf Zep-

Ein Lanz-Schütte-Luftschiff überfliegt das Werk von Heinrich Lanz.

pelin der wohl bekannteste Luftschiffexperte der damaligen Zeit. Die erste vertragliche Bindung entstand im April 1909, und bis Oktober 1911 investierte Karl Lanz zwei Millionen Mark zur Erforschung und Herstellung von Luftschiffen. Eine völlig neue Werft war dazu in Mannheim-Rheinau errichtet worden. 110 Hektar Fläche standen hier zur Verfügung, wovon zunächst 3,7 Ar überbaut wurden. Damit war ein Unternehmen geschaffen, das im Verlauf des Ersten Weltkriegs mit über 1700 Beschäftigten einen enormen Aufschwung erlebte.

Der Lanz-Landbaumotor als Zugmaschine.

Ebenfalls im Jahre 1911 kaufte Karl Lanz das Patent einer in Ungarn entwickelten Bodenbearbeitungsmaschine. Es war zu einer Zeit, in der der Verbrennungsmotor viel von sich reden machte. Vor allem im Zugmaschinenbau wurden im große Chancen eingeräumt, da durch die wesentlich geringere Baugröße bei gleicher Leistung das Gewicht bis auf die Hälfte reduziert werden konnte, gemessen an den riesigen Dampfungetümen.

Natürlich ging es Karl Lanz nicht nur um den Benzinmotor, genauso wichtig war für ihn die Bodenbearbeitung mittels einer am Zugfahrzeug montierten Bodenfräse. Mit dieser Fräse war eine Bearbeitung des Ackers zur feinsten Gartenerde in nur einem Arbeitsgang möglich, im Vergleich zum Pflügen, bei dem der Boden nachher noch mehrmals bearbeitet werden mußte, um dieselbe Qualität zu erreichen.

Karl Lanz sah schon damals das Ende der Dampfmaschinen und Lokomobilen voraus, obwohl sie gerade den Höhepunkt erreicht hatten, und er legte somit den Grundstein für die Traktorenfertigung. Ihm ging es darum, eine Alternative zu den Dampftraktoren aufzubauen und weiter zu entwickeln. Die ersten Benzintraktoren wurden ab 1912 unter dem Namen „Landbaumotor" gebaut.

Im Jahre 1916 erwarb Karl Lanz die Aktienmehrheit der Zweibrückener Landmaschinenfabrik Wery AG, die hauptsächlich Erntemaschinen herstellte, aber auch Göpel, Häckselschneidemaschinen, Jauchepumpen, Düngerstreuer, Stroh- und Quetschmühlen, Schleifsteine, Ackerwalzen, Kartoffelroder sowie Hand- und Göpeldreschmaschinen. Die Firma Wery AG konnte auf das gleiche Alter zurückblicken wie die Firma Lanz und war mit ihren etwa 150 Beschäftigten die größte landwirtschaftliche Fabrik der bayerischen Pfalz. Sofort nach der Übernahme durch die Firma Lanz wurde enorm investiert und rationalisiert, ebenso die Belegschaft bis 1917 auf 500 Beschäftigte aufgestockt.

Auch in Mannheim wurde unterdessen weiter ausgebaut. Vor allem die Lokomobilfabrik wurde noch in den Jahren vor dem Ersten Weltkrieg zum großen Teil mit neuen Fertigungsanlagen ausgerüstet. Viele dieser Fertigungsmaschinen kamen aus Amerika, da sie nirgends sonst auf dem Weltmarkt verfügbar waren. Es wird sogar berichtet, daß einige dieser Werkzeugmaschinen in der eigenen Fabrik angefertigt werden mußten, da Maschinen in der benötigten Größe weltweit überhaupt nicht gebaut wurden.

Der Lokomobilbau war in diesen Jahren zum wichtigsten Fertigungszweig der Firma geworden. Die Nachfrage nach solchen Maschinen wurde immer größer, was der Firma große Umsätze einbrachte. Es kostete damals die billigste Maschine etwa 3500 Mark, die teuerste nahezu 56 000 Mark. Doch Lanz übernahm auch die Einrichtung kompletter Elektrozentralen mit Lokomobilbetrieb, was Umsätze von 100 000 Mark und mehr pro Auftrag einbrachte.

Die Lanzschen Lokomobilen wurden fast in die ganze Welt geliefert. Der größte Markt jedoch war die Sowjetunion, ein Land mit sehr großem Nachholbedarf an allen landwirtschaftlichen Maschinen, vor allem aber an Dampfmaschinen und Lokomobilen. Es beanspruchte oft bis zu 40 Prozent der Lanzschen Lokomobilfertigung.

Dies waren im groben die Veränderungen der Firma Lanz unter der Leitung von Karl Lanz, seit dem Tode von Heinrich Lanz, neun Jahre zuvor.

Der Erste Weltkrieg und seine Folgen

Dann brach der Erste Weltkrieg aus. Im Spätsommer 1914 zog Karl Lanz als Rittmeister der Reserve in den Krieg. Belegschaft und Bewohner des Lindenhofes brachten dem jungen Chef und Gönner Mannheims großen Beifall entgegen, als er in seiner blumengeschmückten Kutsche durch das Fabrikgelände und anschließend durch den Lindenhof fuhr. Die Begeisterung war groß, denn alle glaubten an einen schnellen Sieg und eine baldige Rückkehr ihres Chefs. Niemand dachte bei diesem Abschied an die enormen Änderungen, an die große Not, die dieser Krieg noch mit sich bringen sollte.

Kurz nach diesem Abschied zog der harte Kriegsalltag in die Fabrik ein. Hunderte von Arbeitern und Beamten folgten ihrem Chef in den Krieg. Die zurückgebliebenen hingegen erreichten große schwarzumrandete Blätter mit den Namen ihrer gefallenen Arbeitskollegen. So waren damals alle eingezogenen Mitarbeiter der Abteilung „Export" im Krieg geblieben, ganze Büros waren inzwischen leer. Das Konstruktions-

Das Vereinslazarett „Lanz-Fabrik" im Ersten Weltkrieg.

büro der Lokomobilfabrik war ausgeräumt worden, ein großes Lazarett wurde eingerichtet, um die Verwundeten zu pflegen. Ein großer Teil der neu eingerichteten Lokomobilfabrik wurde von der Heeresverwaltung für die Zucht von Rindern und Schweinen beschlagnahmt, um die Heeresverpflegung aufrecht zu erhalten. Die Produktion von Lokomobilen, Dreschmaschinen und Strohpressen ging in sehr kleinem Umfang weiter. Die Hauptproduktion lag nun bei Rüstungsgütern. Dampf- und Benzinschlepper wurden als Heereszugmaschinen gebaut; sie wurden darüber hinaus auch zur Stromerzeugung für militärische Anlagen eingesetzt.

In der Hauptsache jedoch wurde das Werk gezwungen, reines Kriegsmaterial, wie etwa Minenwerfer für den Schützengrabenkrieg, Minen, Maschinengewehre, Torpedoteile und Torpedomotoren herzustellen. Dafür wurde eigens ein Labor zur Entwicklung von diesem Kriegsmaterial eingerichtet.

Um diese neue Produktion aufrecht erhalten zu können, mußten alle verfügbaren Arbeitskräfte, vor allem Frauen und Mädchen herangezogen werden. Einzelschichten gab es nicht mehr, es wurde nur noch im Zweischichtbetrieb gearbeitet, die Mitarbeiterzahl war bis auf 10000 gestiegen.

Auf dem Gelände der Luftschiffwerft in Rheinau arbeiteten seit 1915 ebenfalls mehrere hundert Frauen und Mädchen. In einer Halle an langen Tischen sitzend füllten sie die im Hauptwerk hergestellten Minen und Granaten mit Pulver, reichten die Teile von Hand zu Hand weiter, wie an einem Fließband. Aber auch die oft sehr schwere Maschinenarbeit an Drehbänken, Fräs- und Bohrmaschinen mußte von Frauen ausgeführt werden, zehn Stunden am Tag, von Montag bis Samstag. Nur der Sonntag konnte zur Erholung genutzt werden. Die komplette Fertigung aller Rüstungsgüter wurde dabei von Offizieren der Armee überwacht, damit keine Unfälle passierten, denn es waren oft bis zu 80000 Kilogramm Sprengstoff in den Hallen gelagert.

Dieses betriebliche Treiben ging so weiter bis zum Waffenstillstand, ja sogar noch geraume

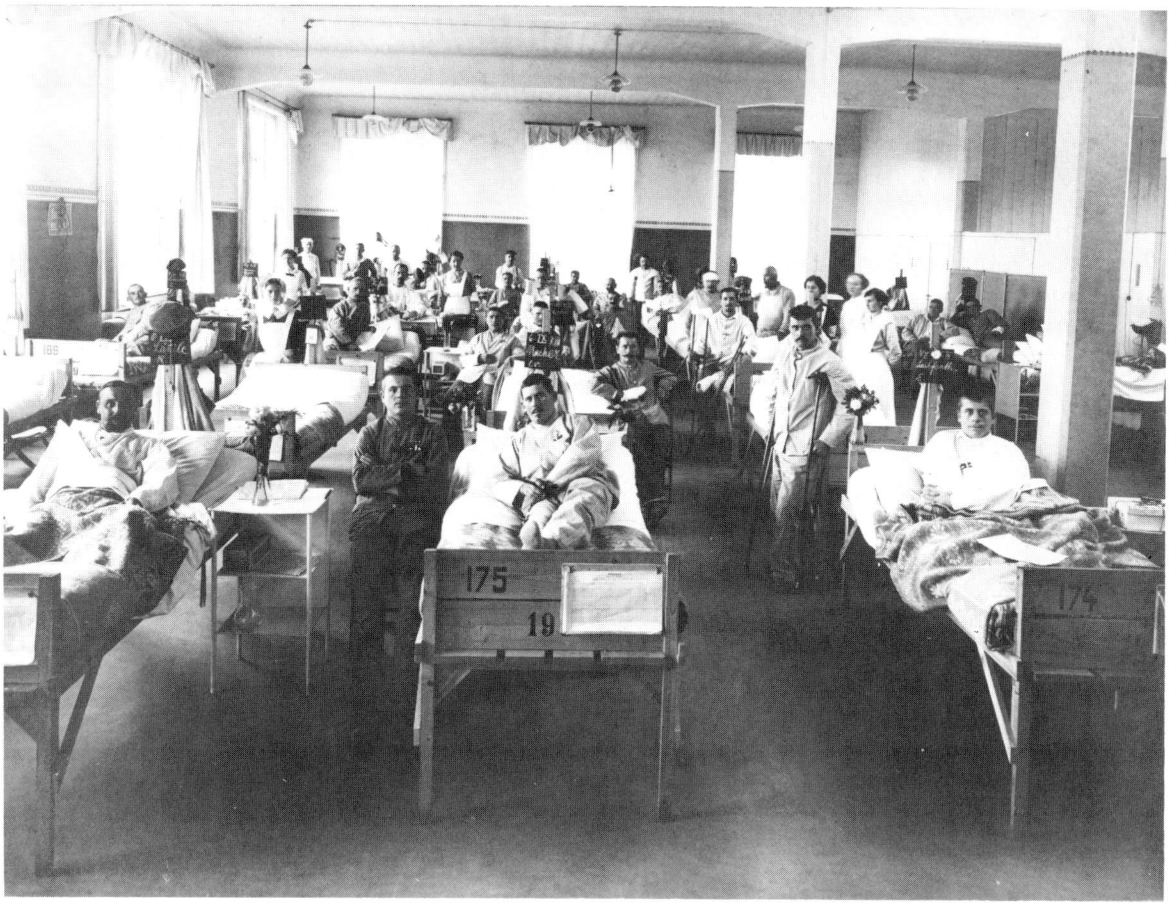

Oben:
Blick in den Krankensaal 4 des Vereinslazaretts.

Fünf Lanz-Landbaumotoren als Zugmaschinen im Ersten Weltkrieg.

Zeit darüber hinaus, dann wurden all diese Arbeiten abgebrochen.
Die Nachkriegszeit war für die Mannheimer Bürger wie auch für die Mannheimer Industrie teilweise noch schlimmer als der Krieg selbst. Die vielen Rohstoffe und Vorräte, über die Deutschland noch vor dem Krieg verfügte, waren aufgebraucht, dazu kam eine enorme Verschuldung gegenüber dem Ausland.
Der Verlust des Elsaß beraubte die Mannheimer Industrie eines wichtigen Hinterlandes. Dazu kam die Besetzung des Mannheimer Hafens und der Pfalz durch französische Truppen. Der Transport mit Schiffen war über Monate hinweg kaum möglich und die Bahn war durch ungünstige Kurzstreckentarife viel zu teuer. Das damals bestehende ertragsunabhängige Steuersystem des Badener Landes belastete die Wirtschaft überdies mit hohen Forderungen. Dies alles führte letztlich zur Inflation.
Auch die Firma Lanz wurde von diesen Kriegsfolgen voll getroffen. Durch den plötzlichen Abbruch der Kriegsproduktion und der nicht mehr abgenommenen Ware waren große finanzielle Verluste entstanden, dazu kamen nach und nach die Soldaten an ihren Arbeitsplatz zurück, zuerst jene, die den Krieg ohne Verletzungen überstanden hatten, dann die Verletzten. Alle kamen wieder, sobald sie sich zum Arbeiten in der Lage fühlten, denn die Not, der Hunger trieb sie in die Fabrik. Bald waren es wieder über 3000 Arbeiter und Beamte. Doch 3000 Leute brauchten viel Arbeit, Arbeit, die es so kurz nach dem Krieg noch gar nicht gab. Lanz führte damals lange Verhandlungen mit der Reichsbahndirektion und es gelang schließlich, Arbeit für die Fabrik zu bekommen. So wurden zunächst Dampflokomotiven im Werk überholt und auf den neuesten technischen Stand gebracht. Viele dieser Lokomotiven wurden dabei mit der „Lentz-Ventilsteuerung" ausgerüstet. Die Lokomobilfertigung, vor dem Krieg noch aus allen Nähten platzend, hatte kaum mehr Aufträge, denn über den Krieg hatte die Elektrifizierung starken Auftrieb erhalten. Ebenso konnte sich der Benzinmotor mehr und mehr in den Vordergrund drängen. Am schlimmsten jedoch war der Verlust des Kunden „Rußland", jenes Landes, welches für das enorme Wachstum der Lokomobilfabrikation in den letzten Vorkriegsjahren verantwortlich gewesen war.
Mit Beginn des Jahres 1919 war es dann gelungen, einen 60 000 Landmaschinen umfassenden Auftrag zu bekommen, der die Beschäftigung für die nächsten 1½ Jahre sicherte.
Durch die neugeschaffenen Verhältnisse ließ es sich nicht umgehen, einige Umstrukturierungen im Werk vorzunehmen. In diesem Zusammenhang wurde damals die Milchzentrifugenabteilung aus dem Mannheimer Werk ausgegliedert und nach Vöhrenbach in den Schwarzwald verlegt. Dieses neugegründete Werk firmierte fortan unter dem Namen Schwarzwaldwerke Lanz KG. Diese als selbständige Gesellschaft gegründete Firma war in den industriell unterentwickelten Schwarzwald verlegt worden, um billigere Arbeitskräfte als im Industriezentrum Mannheim zu bekommen. Außerdem wollten die Kinder von Karl Lanz mit ihren Familien einen „Notgroschen" anlegen.
Der Luftschiffbau Schütte-Lanz erlebte während des Ersten Weltkrieges einen enormen Aufstieg. Bis Kriegsende wurden 22 Luftschiffe verkauft, zwei weitere waren noch im Bau. Doch auch der Flugzeugbau wurde in diesen Hallen aufgenommen. Zunächst waren mehrere Muster entwickelt worden, wie etwa ein zweimotoriger Doppeldecker. Weiter wurden Fremdfabrikate in Lizenz angefertigt, so daß bis Kriegsende zusammen etwa 500 Flugzeuge ausgeliefert werden konnten. Bei diesen enormen Fertigungskapazitäten waren natürlich die Luftschiffhallen in Mannheim-Rheinau sehr schnell zu klein geworden. Auf Anordnung der Heeresverwaltung wurden deshalb weitere Hallen in Mannheim-Sonthofen und in Darmstadt zur Verfügung gestellt. Auch Leipzig und Zeesen bei Königswusterhausen wurden Standorte des Schütte-Lanz Luftschiff- und Flugzeugbaus. Zusammen fanden bis Kriegsende über 3200 Arbeiter und Beamte bei Schütte-Lanz Arbeit und Brot.
Noch während des Krieges wurde die Leipziger Luftschiffhalle zerstört und mit ihr zwei im Bau befindliche Luftschiffe. Doch mit dem Ende des Krieges war die Nachfrage nach Luftschiffen und Flugzeugen auf Null gesunken. Alle im Bau befindlichen Maschinen wurden zerstört, die fertigen Flugzeuge mußten noch an die Armee abgeliefert werden.
Nun waren auch hier dieselben Probleme entstanden wie im Mannheimer Werk; wie sollten all die Mitarbeiter beschäftigt werden? Von jetzt auf gleich mußten neue Produkte hergestellt und verkauft werden. In dem Rheinauer Werk ließen

Dr. Fritz Huber

sich aus den Aluminiumbeständen Kochtöpfe oder Kochgeschirre und Bügeleisen herstellen. Die Wendegetriebe der Luftschiffe wurden in geänderter Form für Lastkraftwagen weitergebaut. Aus den Holzbeständen wurden Boote, Handwagen und teilweise auch Möbel hergestellt. Die Holzleimproduktion, einst zum Verkleben der Holzgerippe der Luftschiffe notwendig, wurde auch bei der Herstellung der neuen Holzprodukte benötigt und ging deshalb weiter. Schließlich wurde das Rheinauer Werk vom Mannheimer Werk abgetrennt, woraus die Luward-Leim GmbH und die Schütte-Lanz-Holzwerke AG hervorgingen.

Die Hallen in Mannheim-Sonthofen und Darmstadt waren nach dem Krieg von der Heeresverwaltung zurückgenommen worden. Das Zeesener Werk wurde zunächst in die Lanz AG Zeesen umgewandelt, mußte dann aber im März 1925 liquidiert werden, da die Ausgabe der Aktien in den Währungsverfall hineingeraten war. Damit endete die gerade zehn Jahre währende Episode des Schütte-Lanz Luftschiffbaus im industriellen Zusammenbruch des Deutschen Kaiserreichs. Vom Kapital konnte nur ein Teil gerettet werden.

Anders sah es im Werk Zweibrücken aus. Die Produktion lief während der Kriegsjahre auf vollen Touren weiter. Schon bald war man an den Grenzen der Kapazität angelangt; es konnte nicht mehr erweitert werden. Lanz kaufte deshalb außerhalb der Stadt ein Gelände von 110 000 m^2, um einen neuen Betrieb aufbauen zu können. Das wichtigste war der Bahnanschluß, um die fertigen Produkte sofort ausliefern zu können. Der im Zuge einer Stadterweiterung schon vor den Kriegsjahren projektierte Bahnanschluß wurde dann aber wegen der Kriegsereignisse nicht weitergeführt. Auch der inzwischen begonnene Neubau wurde eingestellt, denn nach Kriegsende war man nahe daran, das Gelände mit dem Saarland von Deutschland abzutrennen. Erst der Friedensvertrag sprach das Gelände endgültig der Pfalz zu. Nun aber erwog man bei Lanz, die komplette Fertigung nach Mannheim zu holen und das Zweibrückener Werk aufzulösen. In Mannheim hätte man diese Arbeit dringend gebraucht, doch auch die hiesigen Politiker setzten sich energisch für den Verbleib der Fabrik ein, die inzwischen zur zweitgrößten der Pfalz angewachsen war.

Nach langen Verhandlungen einigte man sich schließlich für den Verbleib der Firma in Zweibrücken. Die Firma Lanz mußte dann in den folgenden Jahren mehrmals das Grundkapital erhöhen, insgesamt fünf Millionen Mark investieren, nicht zuletzt auch um der Inflation entgegenzuwirken.

Im Mannheimer Werk war unterdessen etwas Ordnung eingekehrt, die Arbeiten hatten sich wieder eingespielt. Einen Schwerpunkt setzte Karl Lanz, der inzwischen unversehrt aus dem Krieg zurückgekehrt war, in der Produktion und Weiterentwicklung der benzingetriebenen Zugmaschinen. Weiter gab er Dr. Fritz Huber grünes Licht für die Weiterentwicklung seines Glühkopfmotors ebenfalls zum Einbau in eine Zugmaschine für die Landwirtschaft.

So war es gelungen, die Schwierigkeiten der Kriegsjahre und auch die ersten Nachkriegsjahre zu überwinden.

Dann kam das für die Firma sehr ereignisreiche Jahr 1921: Der von Dr. Fritz Huber weiterentwickelte Glühkopfmotor war inzwischen auf ein Fahrgestell montiert worden und machte als „Bulldog" von sich reden. Er wurde im selben Jahr auf der DLG in Leipzig der Öffentlichkeit präsentiert.

Am 18. August verstarb Dr. Karl Lanz im Alter von 48 Jahren nach schwerer Krankheit. Die Leitung der Firma übernahm Dr. Ernst Röchling, der Enkel von Heinrich Lanz. Er hatte seinen Onkel schon über die Kriegsjahre bei dessen Abwesenheit vertreten.

Dann standen neue Sorgen ins Haus, die alten hatte man gerade als erledigt ablegen können. Anfang der zwanziger Jahre gab es erneute Verkaufsprobleme, so daß die 3700 Arbeiter nicht mehr voll beschäftigt werden konnten. Weniger als 900 Mann konnten allenfalls noch drei Tage in der Woche Aufträge über Ersatzteil-Lieferungen erledigen, der Rest mußte zu Hofarbeiten und anderen unproduktiven Arbeiten herangezogen werden. Es mußte kurzgearbeitet werden. Die Firma Lanz hatte damals für die monatlichen Löhne 4,5 Millionen Mark aufzuwenden. Die Einnahmen brachten dagegen nur 5,5 Millionen Mark. Und diese Million Mehreinnahmen reichte gerade aus, um die Beamtengehälter zu decken. Doch gab es da noch offene Rechnungen über Materialien, die 35 Millionen Mark betrugen.

Es war notwendig geworden, große Bankkredite aufzunehmen, was zur Gründung eines Bankenkonsortiums führte. Mit der im Sommer 1920 beginnenden Verkaufskrise setzte die immer spürbarer werdende Geldentwertung ein. Die Löhne und Gehälter fingen an, davonzulaufen, die Kalkulationen wurden unbrauchbar. Die Firma versuchte mit großangelegten Einkäufen von Nahrungsmitteln ihren Mitarbeitern zu helfen, indem sie diese zum Einkaufspreis an die Mitarbeiter weitergab, wodurch Ersparnisse in Höhe von etwa 15 bis 20 Prozent verzeichnet werden konnten. Schließlich mußte Lanz Notgeld ausgeben. Da es in amerikanischer Währung ausgestellt und zum Tageskurs eingelöst wurde, war es ein begehrtes Zahlungsmittel unter der Mannheimer Bevölkerung.

Damals fehlten über 25 Millionen Mark, wollte man den laufenden Verpflichtungen nachkommen und noch weit mehr als 40 Millionen, um den Betrieb aufrechtzuerhalten. Der Zinssatz von 10 Prozent mit steigender Tendenz tat ein übriges dazu.

Die Familienmitglieder der Firma Lanz suchten nach einem Teilhaber, der bis zu einem Viertel des Grundkapitals übernehmen sollte. Vor allem in Amerika hatte man sich umgesehen, ebenso in England bei den Firmen Marshal und Clayton-Shattleworth. Doch auch diese Unternehmen hatten mit ähnlichen Schwierigkeiten zu kämpfen wie die Firma Lanz selbst.

Mit viel Geschick und unter großen Entbehrungen war es dann doch gelungen, auch diese Krise aus eigener Kraft weitgehend zu überwinden. Doch die Streiks im Frühsommer 1924 und die danach folgenden sechs Wochen dauernden Aussperrungen brachten die gerade wieder genesene Firma in erneute Bedrängnis, aus der es kein Herauskommen aus eigener Kraft mehr gab. Erneute Verhandlungen mit verschiedenen Banken führten schließlich zur Einschaltung der Deutschen Bank.

Die Deutsche Bank stellte für ihre Hilfe zwei Bedingungen: Eine Umwandlung der offenen Handelsgesellschaft in eine Aktiengesellschaft und die Ausarbeitung eines Produktionstrennungsvertrages, verbunden mit einer engeren Zusammenarbeit mit dem größten Konkurrenten der Firma Lanz, der Firma Wolf in Magdeburg-Buckau.

Ende des Jahres 1925 waren die Verhandlungen soweit abgeschlossen, daß eine Aktiengesellschaft gegründet werden konnte und zwar rückwirkend zum 1. 1. 1925. Ebenso rasch gingen die Verhandlungen mit der Firma Wolf voran, so daß der Produktionstrennungsvertrag schon ab 1. April 1926 in Kraft treten konnte. Die Firma Lanz verzichtete danach auf die Fertigung von Lokomobilen, Dampfmaschinen, Dampfschleppern, Dampfkesseln, Dampf- und Motorwalzen sowie Dampf- und Motorpflügen nach dem Seilsystem und dem Bau von stationären Motoren. Die Firma Wolf dagegen verzichtete auf den Verkauf von auf Fahrgestellen montierten Motoren, dazu auf den Bau von Schleppern, Dreschmaschinen und Strohpressen. Alle Zeichnungen und technischen Unterlagen, dazu Patente und Gebrauchsmuster mußten dem jeweiligen Partner mit übertragen werden.

So kam es, daß die Firma Wolf Lokomobile mit der Aufschrift Lanz baute, und umgekehrt baute Lanz Dreschmaschinen und Strohpressen, auf welchen Wolf zu lesen war. In diese Verhandlungen waren auch die Badenia-Werke in Weinheim eingeschlossen, an denen sich die Firma Lanz seit einigen Jahren finanziell beteiligt hatte. Auch sie gaben den Lokomobilbau an die Firma Wolf, den Dreschmaschinen- und Strohpressenbau an die Firma Lanz ab. Dafür bekamen sie die Fertigung aller kleineren Landmaschinen von Lanz übertragen.

Der Deutschen Bank schwebte als Grundgedanke einer Zusammenarbeit zwischen den Firmen Lanz und Wolf die Verschmelzung dieser beiden Firmen vor. Doch diesen war daran wenig gelegen, was dadurch sehr schnell deutlich wurde, daß nach der finanziellen Erholung der Firma Lanz die Aufhebung des Vertrages zum Beginn des Jahres 1927 vereinbart wurde.

Ein neuer Mann rationalisiert und normt!

Im Jahre 1920 war es gelungen, einen Ingenieur in die Firma zu bekommen, von dem zu späteren Zeiten behauptet wurde, daß er einer der fähigsten Ingenieure in der hundertjährigen Werksgeschichte von Lanz war: Otto Kölsch.
Nach dem Maschinenbaustudium an der TH München sammelte er erste Erfahrungen bei MAN, der Maschinenfabrik Augsburg Nürnberg, und bei der Maschinenfabrik Hartmann in Chemnitz. Bei Lanz begann er seine Laufbahn zunächst im Lokomobilbau. Doch wie verwirrend muß wohl der Anblick dieser mit unzähligen zur Decke führenden Treibriemen durchzogenen Fertigungswerkstätten auf ihn gewirkt haben, als er diese Hallen zum ersten Mal betrat, denn eine seiner ersten Arbeiten bestand darin, alle Werkzeugmaschinen mit Einzelmotoren auszurüsten. Weg von dem undurchsichtigen Riemengewirr, den endlosen Transmissionswellen an der Dekke und den sich darin verbergenden Unfallgefahren. „Ich muß durch meine Fabrik sehen können", sagte er immer.
Wer vorher den Lokomobilbau gesehen hatte, erkannte ihn hinterher nicht wieder, denn eine moderne, freundliche und übersichtliche Werkstatt war entstanden, in welcher nun auch die Produktionsabläufe übersichtlich gestaltet waren.
Nachdem Otto Kölsch den Lokomobilbau erfolgreich modernisiert hatte, nahm er sich den Dreschmaschinenbau vor. Hier lag inzwischen der erste bedeutende Nachkriegsauftrag aus Rußland vor, der 10000 Stück kleinere Dreschmaschinen umfaßte. Otto Kölsch begann mit dem Bau eines einfachen Fließbandes, an dem diese Dreschmaschinen wirtschaftlich gefertigt werden konnten. Ebenso mit der Vereinheitlichung (Normung) der Querschnitte von Holzprofilen, wie sie damals aus Buchenholz für den Dreschmaschinenbau verwendet wurden. Danach blieben noch ganze 75 verschiedene Querschnitte übrig, davor waren es immerhin etwa 220 gewesen. Dadurch war eine wesentlich bessere Ausnutzung des teuren Buchenholzes möglich geworden, was bei einem monatlichen Holzverbrauch von bis zu 15000 m^3 und einem Holzpreis von etwa 100 Mark pro m^3 stark zu Buche schlug.

Dr. Otto Kölsch

Weiter folgte die Normung von Blechen, Stahlprofilen, Werkstoffen, Vorrichtungen, Maschinenteilen, Zeichnungen und vielem mehr. Auch Schrauben, Muttern, Scheiben, Nieten und Splinte wurden der Normung unterzogen. Bei diesen Teilen folgte man damals den Vorschlägen der Deutschen Industrienormenstelle, die ebenfalls dabei war, häufig wiederkehrende Teile wie etwa Schrauben und Muttern zu vereinheitlichen. Viele größere Betriebe nahmen diese Vereinheitlichung der Firma Lanz als Vorbild und bauten eigene Betriebsnormen darauf auf. Selbst die Deutsche Industrienormenstelle übernahm aus-

Das Ersatzteillager nach dem Wirken von O. Kölsch (S. 19 und S. 20).

gearbeitete Vorschläge von Lanz in ihre DIN-Normenblätter.
Die Rationalisierung erfaßte schließlich den ganzen Betrieb, nicht nur die Werkstätten, sondern mehr und mehr auch die Büros, wie das Konstruktionsbüro, das Finanzwesen, die Kalkulation und die Buchhaltung.
Millionen waren damals in den mittleren zwanziger Jahren investiert worden, trotz der schlechten Arbeitslage. Aber gerade deshalb konnten viele Mitarbeiter für diese Neuordnungen herangezogen werden. Eine wesentliche Voraussetzung des Erfolgs dieser Rationalisierungsmaßnahmen war natürlich die Beschränkung der Typenvielfalt.
Und hier kam der von der Deutschen Bank zur Bedingung gemachte Produktionstrennungsvertrag als entscheidende Ergänzung hinzu. Lanz konzentrierte sich auf die Produktion von Dreschmaschinen und Strohpressen, wobei die ursprüngliche Typenvielfalt bei Dreschmaschinen von 200 auf 30 Typen und bei Strohpressen von 12 Typen auf 6 reduziert und die Bandfertigung eingeführt wurde.
Genauso verhielt es sich bei der Traktorenfertigung. Lanz arbeitete seit 1925 am Aufbau eines nach modernsten Gesichtspunkten ausgelegten Fließbandes mit einer Länge von 175 m, um nur noch einen Bulldogtyp darauf zu fertigen, welcher dann aber durch verschiedene Ausrüstungen den verschiedensten Verwendungszwekken zugeführt werden konnte. Die Fertigung aller anderen Schleppertypen, ob mit Benzin- oder Glühkopfmotor ausgerüstet, wurde zwischen 1925 und Anfang 1927 eingestellt. Diese Fertigungsmethode gestattete die Kalkulation eines überaus günstigen Preises, was letztlich zu den enormen Verkaufszahlen von 7230 Bulldogeinheiten in den Jahren von 1926 bis 1929 führte. Die Herstellung des Fließbandes erfolgte hauptsächlich aus ausgedienten Werkzeugmaschinen, die nach der Fertigungsverlagerung zu Wolf und Badenia frei wurden. Sie wurden in der Firma selbst umgebaut, ebenso konnte noch auf Teile aus dem Krieg zurückgegriffen werden, die der Verschrottung entgangen waren. So waren der Firma außer den Lohnkosten keine nennenswerten Kosten entstanden.

Die Weltwirtschaftskrise

Die Früchte der oft schmerzlichen Maßnahmen der Typenbeschränkungen aller Lanz-Erzeugnisse, dazu die Aufgabe der Produktion vieler Produkte durch den Produktionstrennungsvertrag mit Badenia und Wolf und die enormen Kosteneinsparungen durch die Modernisierungs- und Vereinheitlichungsmaßnahmen konnte Lanz ab der zweiten Hälfte der zwanziger Jahre ernten. Mit der Firma ging es wieder bergauf, es konnte wirtschaftlich produziert werden. Dies wurde auch deutlich am Stand der Mitarbeiter: waren es 1925 noch etwa 3500 an der Zahl, so konnten bis 1928 über 5200 beschäftigt werden. In der Zeit des Aufschwungs erwarb Lanz die Motorenwerke Gotha AG mit dem Ziel, Bulldogteile auch außerhalb von Mannheim fertigen zu können.
Ebenso beschritt Lanz einen neuen Weg im Dreschmaschinenbau mit der Entwicklung des „Stahl-Lanz", einer ganz aus Stahl hergestellten Dreschmaschine. Sie wurde erstmals auf der DLG-Ausstellung in München zusammen mit dem ebenfalls neuentwickelten Kühler-Bulldog mit Fußkupplung und Rückwärtsgang vorgestellt.
Dann kam die Weltwirtschaftskrise, ausgelöst durch den Aktiensturz an der New Yorker Börse am 24. Oktober 1929, was auch für die Firma Lanz nicht ohne Folgen blieb.
Durch sie ging die Nachfrage aller landwirtschaftlichen Produkte stark zurück, auch bei Lanz. Gerade die großen Höfe und Güter des deutschen Ostens fielen fast alle als Kunden der großen Dreschsätze und des Groß-Bulldogs aus. Die Mitarbeiterzahl sank bis zum Jahr 1930 wieder auf etwa 4000 und bis 1932 auf einen Tiefstand von unter 2500 Beschäftigten. Die Schulden stiegen und es gab keine Aussicht mehr, diese je an die Deutsche Bank zurückzahlen zu können. Auf Drängen der Deutschen Bank mußten deshalb die Aktien, bisher voll im Besitz der Familienmitglieder, an die Öffentlichkeit ausgegeben werden. Einigen Familienmitgliedern kam dies natürlich nicht gelegen, sie sahen ihren Familienbesitz schrumpfen und strengten deshalb Prozesse an, die aber verloren wurden. So schieden die Familienmitglieder 1931 aus der Firma aus.

Eine Stahl-Lanz präsentiert sich im Landwirtschaftsmuseum 2223 Meldorf.
Foto: H. Landmann

Zu den von ihnen aufgebauten Schwarzwaldwerken kamen kurz nach der Gründung noch einige Gebäude innerhalb des Mannheimer Werkes hinzu. Nachdem die Produktion von Milchzentrifugen nicht mehr so lief wie erwartet, wurden zunächst Fahrräder und Mähmaschinen, danach auch noch Kühlschränke und Kältemaschinen gefertigt. Doch die Investitionskosten dieser Produkte und dazu die allgemeinen Kosten waren so hoch, daß die Firma keinen Gewinn abwarf. Deshalb wurde 1928 der Vergleich angemeldet.

Die Folgen der Weltwirtschaftskrise zwangen auch andere alteingesessene Firmen in die Knie, wie etwa die „Vereinigten Fabriken landwirtschaftlicher Maschinen" mehr bekannt unter dem vorigen Namen „Epple u. Buxbaum" aus Augsburg. Nach Übereinkünften beider Firmen übernahm Lanz ab 1930 den Verkauf aller Produkte dieser Firma. Ähnlich ging es mit der Firma Haderer. Lanz konnte im Jahre 1932 alle Produktions- und Verkaufsrechte erwerben und begann schon ein Jahr später mit der Produktion der „Original Haderer-Kartoffelerntemaschinen". Die unrentabel gewordenen Motoren-Werke Gotha AG dagegen wurden 1934 aufgelöst.

Ab dem Jahre 1934 ging es bei Lanz wieder stark bergauf, und dies hatte zwei Hauptgründe. Zum einen war das Ende der Weltwirtschaftskrise erreicht, zum zweiten übernahm ein neuer, ehrgeiziger Mann die Verkaufsdirektion und stieg gleichzeitig in den Vorstand auf. Es war der bisherige Leiter der Berliner Filiale, Eduard Max Hofweber. Er hatte ähnliche Pläne wie einst Karl Lanz und wollte die Firma zum Konzern ausbauen. Lanz sollte wieder die größte und bedeutendste Landmaschinenfabrik Europas werden. E. M. Hofweber wollte das Werk als Konzern organisieren, wobei die einzelnen Werke sich jeweils auf nur ein Produkt konzentrierten und dies dann nach modernsten Gesichtspunkten. Außerdem sollte nur noch in großen Stückzahlen produziert werden. So würden dann in Mannheim hauptsächlich noch Bulldogs gebaut. Hierzu richtete man verschiedene Bänder ein, das HR-Band, das HN-3- und HN-5-Band sowie ein Band, an welchem abwechselnd der Eil-Bulldog und die Bulldograupe gefertigt wurden. Dadurch war es möglich, mit wenigen Grundtypen und verschiedenen Ausrüstungen eine breite Kundschaft zu befriedigen.

In Zweibrücken sollten nur noch Erntemaschinen

Direktor Hofweber

produziert werden. 1938 war es gelungen, die ebenfalls alteingesessene und besonders im Südosten Europas bekannte Firma Hofherr Schrantz-Clayton-Shattleworth durch den Erwerb der Aktien in den Firmenbesitz aufzunehmen. Hofherr Schrantz, kurz genannt HSCS, hatte ebenfalls Landmaschinen und Glühkopfschlepper im Fertigungsprogramm, konnte sich seit dem Ersten Weltkrieg nicht mehr so recht erholen und war inzwischen etwas veraltet. Wie man sich damals bei Lanz erzählte, stammten bei der Übernahme die neuesten Werkzeugmaschinen aus dem Ersten Weltkrieg, waren also bereits 20 Jahre alt. Die österreichische Bank, damals Hauptaktionär von HSCS, war glücklich, endlich einen neuen Geldgeber gefunden zu haben. Das neuerworbene Werk bestand eigentlich aus zwei Teilen, dem Prager Werk und dem Wiener Werk. Lanz investierte im Wiener Werk zunächst etwa 10 Millionen Mark und baute es zur modernsten Fertigungsstätte von Dreschmaschinen in Europa aus. Dadurch konnten nach der Fertigungsaufnahme etwa 20 Prozent mehr Dreschmaschinen gefertigt werden als in Mannheim.

Der nächste Schritt war die Übersiedlung der bisher noch in Mannheim und Zweibrücken verbliebenen Produktion von Kartoffelrodern und Kartoffelmaschinen.

Das modernste Landmaschinenproduktionswerk Europas konnte jährlich starke Zuwachsraten verzeichnen; der Höchststand wurde im Jahr 1942 mit fast 2200 Dreschmaschinen und über 45 000 Kartoffelrodern notiert. In der zweiten Hälfte des Jahres 1943 wurde dann über die Hälfte der Produktionsfläche zum Bau von Quandt-U-Boot-Akkumulatoren beschlagnahmt. Ab 1944 wurden dazu noch Teile der V 2 gefertigt.

Nach Kriegsende beschlagnahmte die Russische Armee das Wiener Werk als deutsches Eigentum und führte es zunächst als eigenen Betrieb weiter.

Im Laufe des Jahres 1946 gelang es der österreichischen Regierung, das Werk als Staatseigentum wieder zu erlangen, wodurch es für Lanz unerreichbar wurde.

Doch kehren wir zurück nach Mannheim:

Vor Kriegsausbruch im Jahre 1939 konnte Lanz hoffnungsvoll in die Zukunft blicken. Lanz war wieder die größte Landmaschinenfabrik Deutschlands mit jährlichen großen Zuwachsraten. Über die Hälfte aller im Deutschen Reich zugelassenen Schlepper kamen aus dem Mannheimer Werk. Der Bulldog wurde in sechs Grundtypen gebaut mit 15, 20, 25, 35, 45 und 55 PS. Durch verschiedene Aufrüstungen war er als Acker-, Ackerluft-, Allzweck-, Verkehrs- oder Eil-

Mit 20 Bohrspindeln auf einmal werden die Löcher in die Dreschmaschinen-Korbstäbe gebohrt.

Die Jahresproduktion an Sieben für Lanz-Dreschmaschinen erreicht aufeinandergestapelt annähernd die Höhe der Zugspitze.

Hier entsteht ein Zündteller.

Binder verlassen die Produktion.

Walzen und Pressen von Radfelgen.

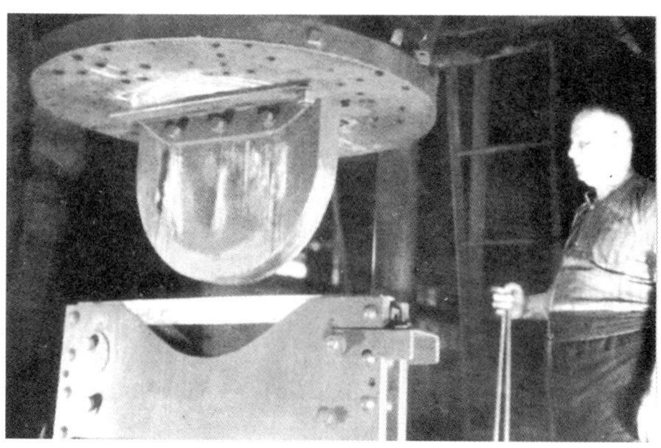

Eine Kurbelwelle wird geschmiedet.

Vorderachsen warten auf den Einbau.

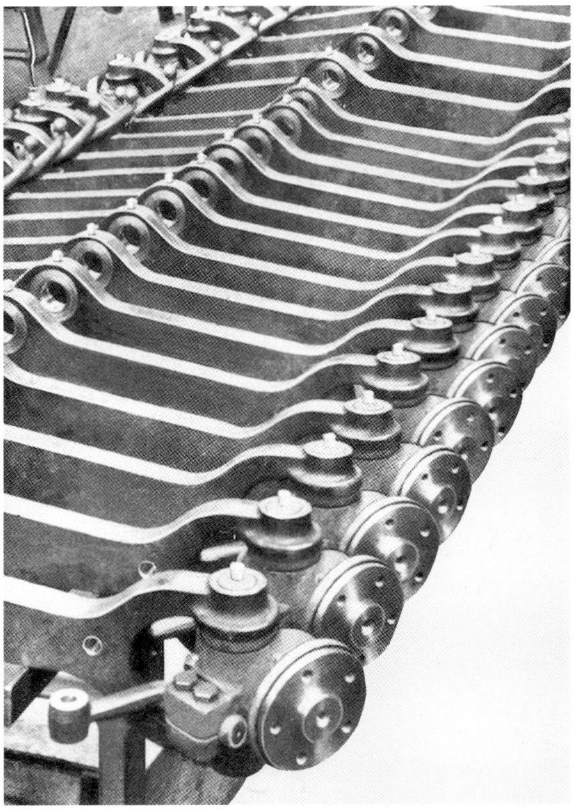

Bulldog zu bekommen. Zusätzlich gab es den großen Eil-Bulldog und die Bulldog-Raupe.
Die jüngste Entwicklung, der 15-PS-Bulldog, sollte dabei zu Tausenden jährlich gebaut und verkauft werden. Dazu gab es Pläne über den Bau einer Fertigungsanlage nach modernsten Gesichtspunkten, wodurch das Werk unter die ersten Schlepperproduzenten der Weltrangliste aufgerückt wäre. Außerdem gab es verschiedene neue Entwicklungen in der Versuchswerkstatt wie etwa einen Vierzylinder-Glühkopfmotor, mit welchem Bulldogs über 55 PS gebaut werden sollten. Ebenso wollte man für den Tag gerüstet sein, an dem der Glühkopfmotor nicht mehr aktuell war, um die Bulldogs dann mit Dieselmotoren auszurüsten. Im Versuch wurden bereits stehende Ein- und Zweizylinder-Lanz-Dieselmotoren getestet, ein Dreizylinder war in der Planung.
Auch bei den Dreschmaschinen gab es Neuentwicklungen wie etwa eine kleinere Ausführung ähnlich des Stahl-Lanz, oder eine kombinierte Dreschmaschine mit Strohpresse. Noch im selben Jahr wurde dazu der erste Mähdrescher-Prototyp fertiggestellt.
Bald aber wirkten sich die Begleiterscheinungen des Krieges aus. Der Vierjahresplan hatte das Ende der Rohstoff-Freiheit verkündet. Dadurch wurden wichtige Werkstoffe knapp oder fehlten ganz, was die Aufrechterhaltung der Produktion sehr erschwerte. Doch bis ins dritte Kriegsjahr konnten die Bulldogs nahezu unverändert weitergebaut werden. Am 1. Juli 1942 erließ die Reichsregierung eine folgenschwere Verordnung, die den Bau und den Betrieb aller landwirtschaftlichen Schlepper mit flüssigen Brennstoffen untersagte.

Firmeneigener Fahrschul-Bulldog!

Das erste Fließband in Deutschland: Die Firma Lanz richtete es 1925/26 zur Fertigung des HR-2-Bulldogs ein.

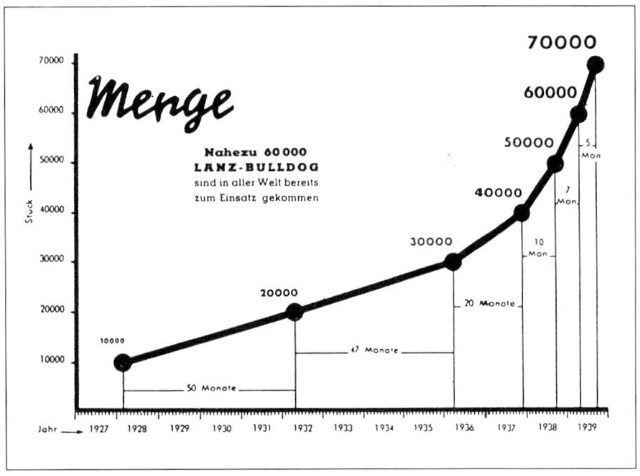

Deutlich erkennbar: Die Steigerung der Produktionszahlen durch die Großserienfertigung.

Obwohl jeder Bulldog nur einen davon hatte, wurde er doch in Groß-Serie gebaut: der Kolben.

Die Preisentwicklung durch die Großserienfertigung.

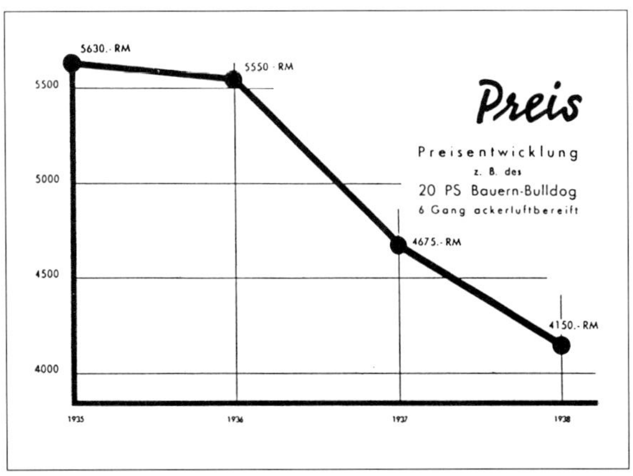

Teil 5
Kühler-Bulldogs

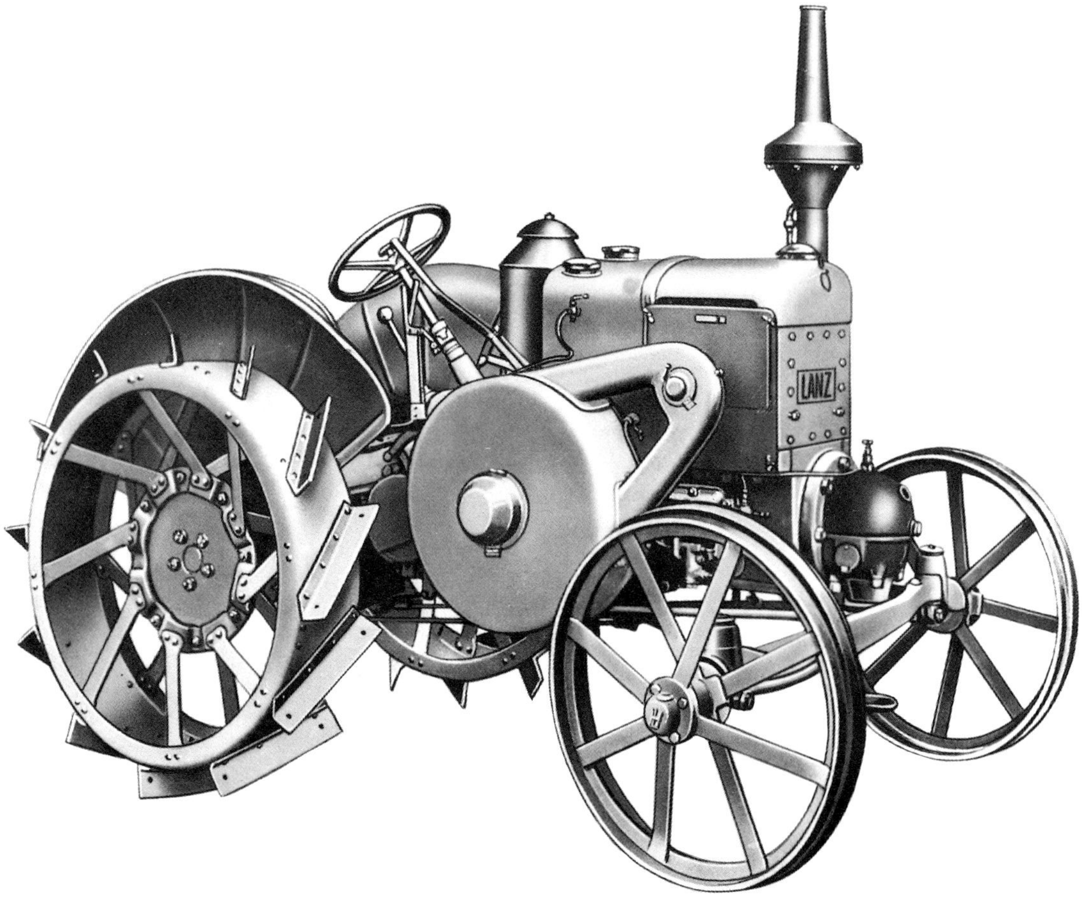

Ganze 180 Stück wurden vom ersten Kühler-Bulldog gefertigt. Die meisten davon wurden in tropische Länder geliefert.

22/28-PS-Kühler-Bulldog HR 4

Wer das Buch „Lanz von 1859 bis 1929" gelesen hat, der konnte feststellen, daß der Bulldog eine Weiterentwicklung der dampfbetriebenen Straßenlokomotiven war. Vielen Bauteilen war die nahe Verwandtschaft zu diesen Straßenlokomotiven anzusehen. Bei zahlreichen Konstruktionslösungen, wie etwa Bauart und Anordnung der Motoren, hatten sich die Ingenieure an den großen, dampfgetriebenen Vorbildern orientiert. Der Bulldog hatte im Vergleich zu den Dampf-Traktoren jedoch enorme Vorteile, zum Beispiel die wesentlich geringere Baugröße und das weitaus geringere Gewicht. Eine Zuglokomotive mit 24/30 PS wog über 8000 kg, ein Bulldog mit 22/28 PS nur noch 3500 kg. Die Zeit für die Inbetriebnahme von bis zu 60 Minuten wurde auf weniger als 10 Minuten beim Bulldog verkürzt. Ein weiterer Vorteil war ferner der erheblich geringere Wasserverbrauch. Doch diese Vorteile waren für die Firma Lanz kein Grund, die Weiterentwicklung der Bulldogs zu vernachlässigen, im Gegenteil, der enorme Fortschritt der letzten Jahre sollte beibehalten werden.

Auch der Konkurrenz, den Herstellern benzingetriebener Zugmaschinen, war der Erfolg und die rasche Verbreitung der Bulldogs nicht entgangen. Und sie wollte am Erfolg teilhaben. Erste Glühkopfschlepper wurden in Italien und selbst im Deutschen Reich nachgebaut. In der Bulldog-Stadt Mannheim wurde seit 1922 sogar ein kompressorloser Dieselmotor in MWM-Zugmaschinen eingebaut. Dies alles war Grund genug, den seit Anfang 1926 gebauten Verdampfer-Großbulldog weiter zu verbessern. Die erste, wesentliche Verbesserung war der Einbau einer elektrischen Ausrüstung, was eine sofortige Inbetriebnahme der Bulldogs gestattete (Band 1, Seite 238).

Jetzt galt es, den Bulldog mit einem Rückwärtsgang auszurüsten, um von dem Umsteuern des Motors wegzukommen, was von manchen Fahrern als lästig empfunden wurde. Hierzu war die Entwicklung eines neuen Getriebes notwendig. Bei der Konstruktion wurde darauf geachtet, daß die verschiedenen Fahrgeschwindigkeiten jetzt mit einem Schalthebel geschaltet werden konnten. In einem zeitgemäßen Prospekt dieser Bulldogreihe wurden die Vorteile des neuen Getriebes wie folgt hervorgehoben:

„Sämtliche an der Kraftübertragung vom Motor bis zu den Hinterrädern beteiligten Zahnräder, Wellen und Lager laufen im Inneren des vollkommen öl- und staubdicht abgeschlossenen Gehäuses dauernd im Öl; sie sind alle in Kugel-oder Rollenlagern gelagert, um den höchst erreichbaren Wirkungsgrad zu erzielen. Die Zahnräder sind aus Chromnickel-Stahl hergestellt, ihre Zähne haben eine glasharte Oberfläche. Es ist Vorsorge getroffen, daß diese Zahnräder nach jahrelangem Betrieb durch einfaches Umdrehen auch von der anderen Seite benutzt werden können."

Das Getriebe verfügte über drei Vorwärtsgänge und einen Rückwärtsgang. Das Aus- und Ein-

Mit dieser Skizze wird das Schaltschema des neuentwickelten Getriebes verdeutlicht, daß nun mit einem einzigen Schalthebel geschaltet werden konnte.

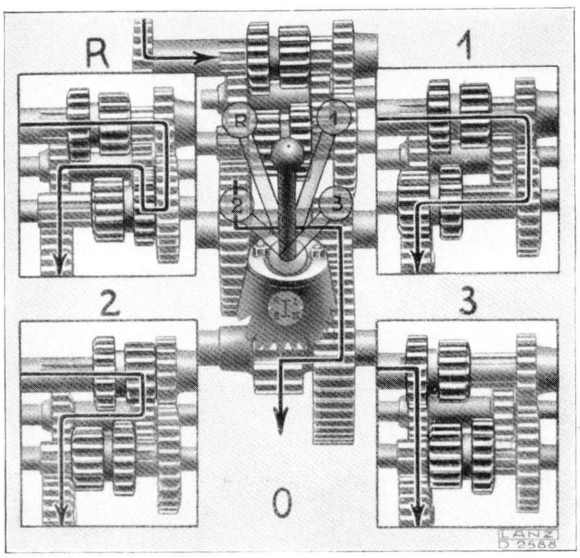

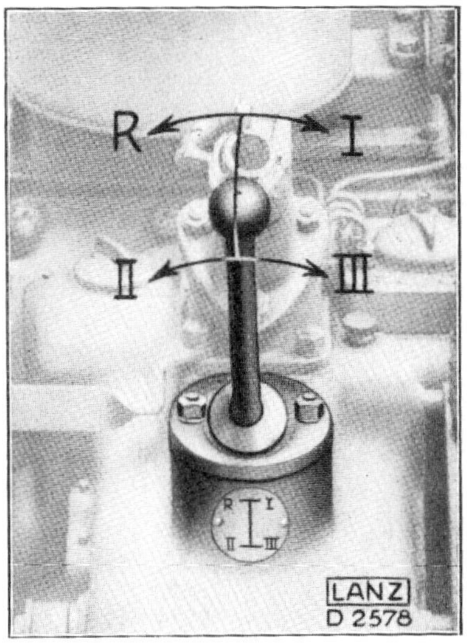

Schalthebel und Schalthebelstellungen der verschiedenen Gänge.

kuppeln der einzelnen Gänge konnte jetzt mit einer sogenannten Scherenkupplung über Fußpedale erfolgen. Es standen jeweils rechts und links ein Fußpedal zur Verfügung. War ein Gang eingelegt, so wurden durch Niederdrücken des rechten Fußpedals die Kupplungsbacken zur Anlage gebracht, und der Bulldog fuhr los. Gleichzeitig wurde dabei das linke, bis dahin gedrückte Pedal zwangsweise über ein Gestänge hochgedrückt. Wurde nun, um den Bulldog wieder anzuhalten, das linke Pedal nach unten getreten, so wurden die Kupplungsbacken aus dem Eingriff genommen und das rechte Pedal wiederum zwangsweise nach oben in Ausgangsstellung gebracht und somit die Fahrt unterbrochen. Auch das Betätigen der Kupplungsbremse zum Abbremsen der Riemenscheibe geschah über das linke Kupplungspedal durch weiteres, leichtes Niederdrücken nach dem Ausrücken der Kupplung. Beide Anordnungen zusammen nannte man damals in der Lanz-Werbung „automobilmäßiges Kuppeln und Schalten". Über die Kupplungsbremse hinaus verfügte der Bulldog über zwei weitere, voneinander unabhängige Getriebebremsen – die Fußbremse und die Handbremse. Die Fußbremse war nicht wie heute allgemein üblich auf der rechten, sondern auf der linken Seite angeordnet. Bei ihrer Betätigung wurde der Bulldog-Motor automatisch ausgekuppelt. Bei einer Talfahrt konnte die Fußbremse also nicht benützt werden, ohne auszukuppeln.

Schweröl-Radschlepper „Bulldog" (waagrechter Schnitt).

1. Vorderrad
2. Vorderachse
3. Vorderachsstütze
4. Zylinder
5. Steuerschenkel
6. Spurstange
7. Brennstoffpumpe
8. Stößelbock
9. Kolbenbolzen
10. Frischluftkanal
11. Regler
12. Kurbelwelle
13. Exzenter
14. Schwungrad
15. Schwungradschutz
16. Kupplungseinrückhebel
17. Bremsscheibe
18. Achstrichter
19. Anhängebügel für Ackergeräte
20. Differential
21. Hinterachse
22. Bremshebel
23. Bremsscheibe
24. Kupplungsausrückhebel
25. Ganggetriebe
26. Hinterrad
27. Kupplungsgestänge
28. Zwischenrad
29. Schwungradschutz
30. Kupplung
31. Schwungrad
32. Riemenscheibe
33. Auspuffkrümmer

Zur Auswahl standen beim Bulldog-Typ HR 4 die Acker- und Straßenausführung, die sich durch verschiedene Getriebeabstufungen voneinander unterschieden. Der Acker-Bulldog erreichte mit Eisenbereifung und aufgelegten Laufringen im dritten Gang eine Höchstgeschwindigkeit von etwa 7 km/h, der Verkehrs-Bulldog mit Elastikbereifung dagegen 15 km/h. Die Höchstgeschwindigkeit von 15 km/h wurde gewählt, weil die damalige Straßenverkehrsordnung das Führen eines Fahrzeugs bis zu einer Höchstgeschwindigkeit von 16 km/h ohne Führerschein erlaubte.

Auf Grund der Nachfrage aus tropischen Ländern wurde der Großbulldog HR 4 erstmals mit einer Thermosyphonkühlung ausgestattet, um Kühlwasserverluste durch Verdunstung gänzlich abzuschaffen. Sie lagen bei Vollast, bedingt durch die hohe Umgebungstemperatur der Exportländer, bei etwa 4 Litern pro Stunde. Ein Umstand, der in diesen Ländern einen großen Nachteil darstellte. Das Problem dieses hohen Wasserbedarfs war aber auch in unseren Breitengraden bekannt; nicht ohne Grund bot Lanz auch den hiesigen Kunden einen „Wasserwagen" (Band 1 Seite 233) mit einem Fassungsvermögen von 200 Litern Wasser als „Tender" an. Erfahrungen mit der Thermosyphonkühlung hatten die Konstrukteure bereits beim Bau der Benzinschlepper gesammelt, so daß es ein leichtes war, auch den Bulldog damit auszurüsten. Man übernahm auch die austauschbaren Kühlelemente, die bei den HR-Bulldogs bis zur Fertigungseinstellung im Jahre 1962 verwendet

Die Hand- und Fußbremse waren als Außenbandbremsen ausgelegt und wirkten auf das Getriebe. Bei Betätigung der Fußbremse wurde die Kupplung mit ausgerückt.

wurden. Im Gegensatz zu den Bulldogs waren die Benzinmaschinen noch mit Wasser-Umwälzpumpen ausgerüstet, die das Kühlwasser im Motor und Kühler ständig bewegten. Hierauf wurde beim Bulldog bewußt verzichtet! Der Wasserumlauf bei der neuen Bulldog-Thermosyphonkühlung erfolgte durch den Gewichtsunterschied zwischen der gekühlten Wassersäule

Charakteristisch für jeden Bulldog-Motor: der außerhalb des Rumpfes gelegene Ventilatorantrieb. Dazu konnte die Kühlung durch Abdeckbleche reguliert werden.

in den Kühlelementen und der heißen Wassersäule im Zylinder und im Zylinderkopf. Dabei stellte sich eine selbstregulierende Wirkung ein, indem sich die Wärmezirkulation bei geringer Wärmeentwicklung langsam, und bei großer Wärmeentwicklung, wie sie bei maximaler Leistungsabnahme entstand, schneller vollzog.

Mit dem Einbau der Thermosyphonkühlung konnte der Kühlwasserraum von 135 Liter auf 60 Liter Fassungsvermögen verkleinert werden.

Die Kühlelemente des Bulldog-Kühlers wurden allerdings nicht, wie damals bei den meisten Fahrzeugen üblich, auf der Frontseite, sondern rechts und links angebracht, jeweils vier Stück auf einer Seite. Die Vorderseite des Kühlers bildete fortan das Steigrohr, ein Gußstück, in dessen Innerem das vom Motor erhitzte Wasser zum Wasserkasten hochsteigen konnte. Die Vorderseite des Steigrohrs wurde durch eine Blechplatte verschlossen. Beim Entfernen dieser Platte war es möglich, den Innenraum auf Kesselsteinbildung zu untersuchen. Auf der Rückseite des Steigrohrs, zwischen den Kühlelementen, war der Ventilator angebracht. Er wurde vom rechten Schwungrad über einen Keilriemen angetrieben. Dieser Antrieb war fortan charakteristisch für jeden Lanz-Bulldog-Motor.

An diesen Kühleraufbau schloß sich der Treibstofftank an. Er zeigte in Form und Aussehen

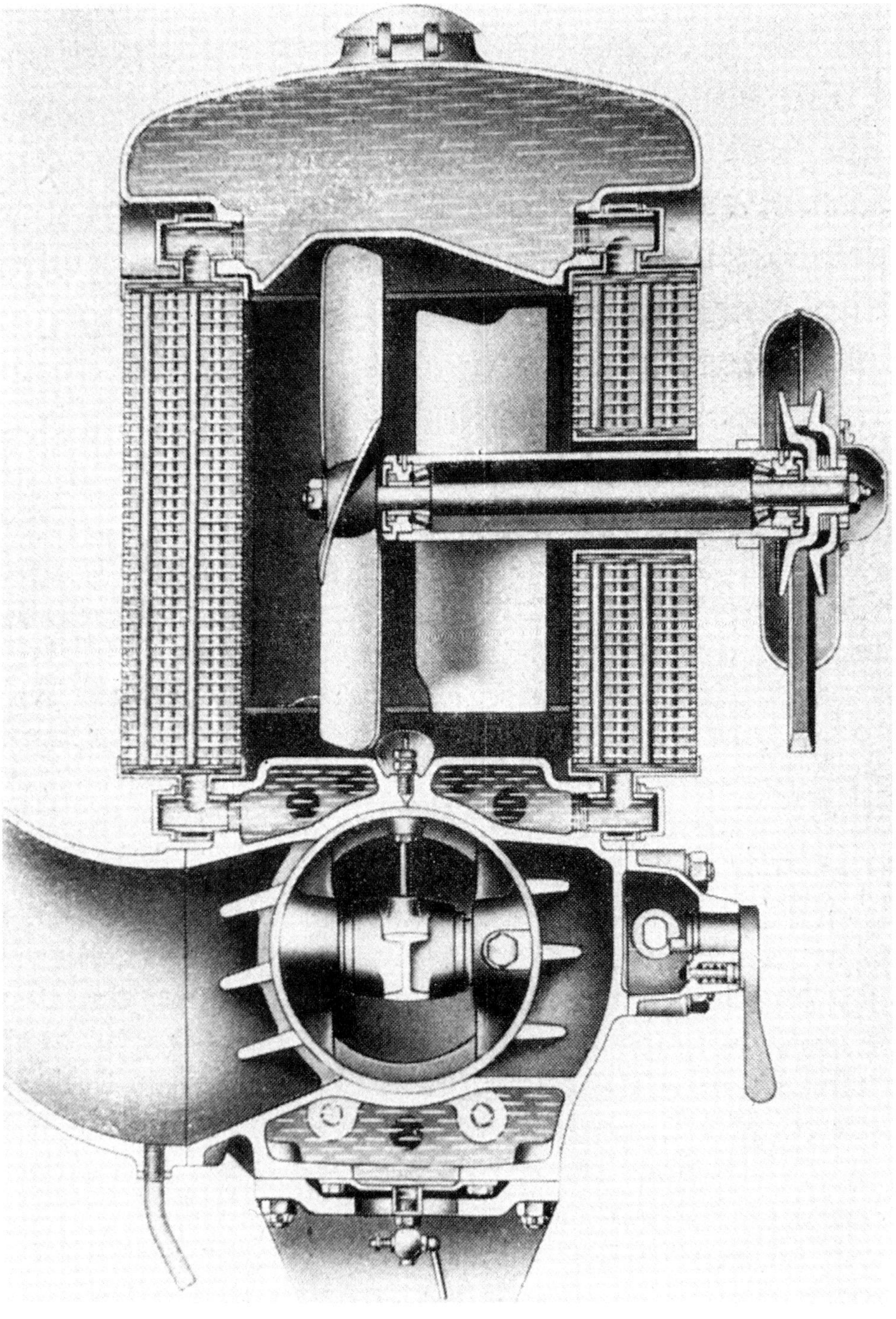

Der Kühler des Lanz-Bulldog im Schnitt.

starke Ähnlichkeit mit dem des damaligen Fordson-Schleppers. Unter dem Tank war ein offener Luftfilter über den Luftklappen angebracht. Beim täglichen Betrieb der Bulldogs zeigte sich nun, daß das Kurbelgehäuse unter dem Tank einer starken Verschmutzung ausgesetzt war. Das lag vor allem an der angesaugten Luft, welche viel Staub in das Kurbelgehäuse mitzog. Da beim Tanken meist etwas Kraftstoff verschüttet wurde, waren die unten liegenden Metallteile immer feucht und verklebten dadurch den Staub. Gelangte nun dieser verklebte und verkrustete Schmutz in den Luftfilter und in die Luftklappen, so konnten diese nicht mehr richtig schließen und der Betrieb des Bulldogs war gestört. Zur großen Gefahr wurde auch der Schmutz, der die Luftklappen passierte und sich im Kurbelgehäuse mit dem Schmieröl vermischen konnte. Viele kleine Schmutzteile wurden ausgespült, passierten die Filteranlagen, gelangten über die Ölrückholpumpe in den Ölbehälter und schließlich in

den Ölkreislauf. Wurde es nun versäumt, das verschlammte Öl rechtzeitig zu wechseln, so konnten enorme Motorschäden, wie etwa das Festsitzen des Kolbens oder des Pleuellagers, entstehen.
Diese Mängel führten dazu, daß von dem 22/28-PS-Kühler-Bulldog nur ganze 180 Stück gebaut wurden. Davon gingen die ersten 50 Bulldogs in tropische Exportländer. Der Kühler-Bulldog HR 4 wurde etwa von Mitte 1928 bis Mitte 1929 gebaut, parallel zum Verdampfer-Bulldog HR 2. Bis zum Abschluß des vorliegenden Buches, Ende 1988, war es nicht gelungen, einen Bulldog dieses Typs ausfindig zu machen. Die Fertigungs-Nummern werden angegeben von Nr. 75 001 bis 75 180.

Ein wohl einmaliger Bulldog, ein 22/28 PS starker Verdampfer-Großbulldog, ist im Auto- und Technik-Museum in Sinsheim zu sehen.
Dieser Bulldog wurde in den späteren Jahren nach der Auslieferung mit einem Kühler versehen, der außerhalb des Reglerschwungrades angebaut wurde. Der Ventilator wurde auf der Kurbelwelle befestigt. Er zog die Kühlluft durch das Kühlergewebe und trieb sie durch Öffnungen am Außenblech wieder nach außen. Das zweite Bild zeigt deutlich die fachgerecht montierten Wasseranschlüsse und die Luftwege. Foto: K. Häfner

Der erste Prototyp, ein 15/30-Verkehrs-Bulldog, ist fertiggestellt.

Die Entwicklung der 15/30-Bulldog-Generation

Nach der Ausrüstung des Kühlerbulldogs mit einem Rückwärtsgang war ein Umsteuern des Motors zur Drehrichtungsänderung überflüssig geworden. Deshalb beschäftigte sich Dr. Fritz Huber seit geraumer Zeit mit der Verbesserung des Motors selbst. Durch Versuche hatte er herausgefunden, daß der Motor beim Versetzen der Mitten von Kurbelwelle und Kolben auf verschiedene Ebenen in einer Drehrichtung ein höheres Drehmoment entwickelte und etwa 2 PS mehr leistete, ohne den Bohrungsdurchmesser von 225 mm, den Hub von 260 mm und die obere Leerlaufdrehzahl von 500 U/min ändern zu müssen. Allerdings ging durch diese Änderung die Drehmomentsteigerung bei der entgegengesetzten Drehrichtung verloren. Deshalb wurde ab den 15/30-Typen davon abgeraten, die Motoren längere Zeit unter Last „rückwärts" laufen zu lassen. Dr. Huber ließ sich diese Neuerung patentrechtlich schützen. Aus dieser Leistungssteigerung von bisher 28 PS auf jetzt 30 PS wurde dann die neue Bezeichnung 15/30 abgeleitet, was folgendes bedeutete:

Nennleistung	15 PS
Dauerleistung	30 PS
Spitzenleistung	35 PS

Da es sich bei dieser Weiterentwicklung um die fünfte seit dem Beginn der HR-Serie handelte, wurde die Bezeichnung „HR 5" festgelegt. Genaugenommen war es, abgesehen von der Motorenänderung, keine Weiterentwicklung, sondern lediglich eine Beseitigung des schlecht plazierten Luftfilters unter dem Tank. Alle anderen Neuerungen und Verbesserungen hatten sich so gut bewährt, daß sie ausnahmslos übernommen wurden. Der Fordson-ähnliche Kraftstofftank wurde abgeändert, daß er wesentlich kürzer und dafür höher war und somit direkt auf das Kurbelgehäuse aufgesetzt werden konnte. Der Inhalt blieb nahezu gleich, der Raum über dem Luftfilter aber war nach oben völlig frei. Hier griffen die Konstrukteure auf den für die letzten Verdampferbulldogs entwickelten Luftfilter zurück und montierten ihn hinter dem Tank, direkt über den Luftklappen auf das Kurbelgehäuse.

Das oberste Teil des Filters war als runde Blechhaube ausgebildet, um das Eindringen von Regen zu verhindern. Darunter war das Filtergehäuse, in dessen Oberteil Drallbleche montiert wa-

Ein 15/30-Verkehrs-Bulldog

ren, die die angesaugte Luft gegen die Innenseite des Filtergehäuses trieben und gleichzeitig zum Rotieren bewegten. Dadurch wurde der in der Luft enthaltene gröbere Schmutz aus der Luft getrennt und durch Öffnungen im Filtergehäuse ausgeschieden. Die vorgereinigte Luft passierte nun den aus Kokosfasern hergestellten, ölgetränkten Feinfilter. Hier wurden die restlichen Schmutz- und Staubteilchen aus der Luft getrennt und im Filter zurückgehalten. Durch diese einfache Änderung war ein noch zuverlässigerer und betriebssicherer Bulldog entstanden.

Bei der Pflege des Bulldogs war es notwendig, den Luftfilter regelmäßig zu reinigen und die Kokosfasern ölfeucht zu halten. Denn, drohte die Faserung durch Überschmutzung zu verstopfen, so ließ der Bulldog in der Leistung nach, da der für die Verbrennung notwendige Sauerstoff fehlte. Wurden die Fasern zu trocken, so konnte der feine Staub den Feinfilter passieren und in das Kurbelgehäuse gelangen, wo er sich dann mit dem Schmieröl vermischte.

Die Schmierung der Motorenteile erfolgte über einen sogenannten Ölapparat, auch „Bosch-

Einen Verkehrs-Bulldog der ersten Generation zeigt das obere Bild. Unten ein Acker-Bulldog der zweiten Generation, beide ohne Beleuchtung.

Öler" genannt. Von hier wurde das Öl über Kupferleitungen an die verschiedenen Schmierstellen, also Kolben und Kolbenbolzen, Pleuellager sowie rechtes und linkes Hauptlager gepumpt. Nach Passieren der Schmierstellen sammelte sich das Öl im unteren Teil des Kurbelgehäuses. Hier mußte es ein Sieb durchlaufen und wurde dann über eine Kolbenpumpe in ein Filtergehäuse gepumpt, in welchem ein Stoffsack das Öl filterte.

Zur Auswahl standen beim Bulldog HR 5 der Acker-Bulldog, der Verkehrs-Bulldog und der Raupen-Bulldog.

Beim Acker-Bulldog konnten weitgehend alle Eisenräder-Ausführungen zugekauft werden, wie sie für den HR-Bulldog 1925 entwickelt wurden. Ebenso war die Montage von Moorrädern für den Einsatz in Moorgebieten möglich. Die Getriebeübersetzungen waren so gewählt, daß der Bulldog bei $^{3}/_{4}$ eingesunkenen Greifern und einer Motordrehzahl von 500 U/min folgende Geschwindigkeiten erreichte:

1. Gang	= 3,6 km/h
2. Gang	= 4,8 km/h
3. Gang	= 6,5 km/h
Rückwärts	= 3,9 km/h

In aller Regel war der Acker-Bulldog mit einer Zapfwelle ausgerüstet. Des weiteren konnte er mit einer gefederten Vorderachse, einer elektrischen Anlaßzündung, einer Beleuchtung (elektrisch oder Karbid) sowie einem Verdeck mit und ohne Seitenverkleidung ausgerüstet werden. Der Auspuff wurde wahlweise nach oben oder unten geliefert. Selbst die Lieferung mit Elastikbereifung war auf Wunsch möglich, wobei aber, bedingt durch den kleineren Durchmesser, die angegebenen Geschwindigkeiten etwas unterschritten wurden.

Der Verkehrs-Bulldog war hauptsächlich für das Transportgewerbe im Nahbereich bestimmt. Zu seiner serienmäßigen Ausrüstung zählte neben einer Elastikbereifung, vorne einfach und hinten doppelt bereift, auch eine gefederte Vorderachse. Jeder Schlepper konnte mit einer elektrischen Ausrüstung versehen werden, die aus der elektrischen Lichtanlage und der ebenfalls elektrischen Anlaßzündung bestand. Die elektrische Lichtanlage ermöglichte durch einen kräftig wirkenden, vorne in der Mitte des Kühlers befestigten Scheinwerfer und zwei an den Kotflügeln angebrachten Begrenzungsleuchten eine gute Ausleuchtung der Straße. Dazu konnten ein hell leuchtender, drehbarer Scheinwerfer auf der Rückseite des Schleppers (als Schlußleuchte) und eine elektrische Signalhupe angebracht werden. Die elektrische Anlaßzündung gestattete eine sofortige Inbetriebsetzung und Fahrbereitschaft des Bulldogs nach dem Anwerfen. Die Umschaltung von Leichtkraftstoff auf Rohölbetrieb war denkbar einfach und konnte nach einigen Minuten während der Fahrt vorgenommen werden. Die Vorzüge dieser Einrichtung wurden besonders dort geschätzt, wo viele Standpausen zu machen waren.

Auch beim Verkehrs-Bulldog konnte der Auspuff vor der Lieferung wahlweise nach oben oder unten montiert werden. Ein Verdeck konnte ebenfalls angebracht werden. Die Hinterräder wurden auf Wunsch mit Blitzgreifern ausgerüstet. Darüber hinaus war die Montage eines Sandkastens für den Winterbetrieb möglich. Der Getriebekasten war mit anderszähnigen Zahnrädern als der Acker-Bulldog ausgerüstet, so daß folgende Geschwindigkeiten bei 500 U/min erreicht wurden:

1. Gang	= 5,6 km/h
2. Gang	= 11,1 km/h
3. Gang	= 14,8 km/h
Rückwärts	= 6,1 km/h

Als Besonderheit wurde der Verkehrs-Bulldog auch mit einem von Lanz so genannten „kombinierten Getriebe" (drei Gänge, etwas andere Geschwindigkeiten) angeboten, mit dem ein Einsatz auf Acker und Straße möglich wurde. Es mußten lediglich die Eisenräder angeschraubt werden, sollte der Bulldog zum Ackereinsatz kommen. Folgende Geschwindigkeiten wurden hierfür angegeben:

	Verkehrsbereifung	Ackerbereifung
1. Gang	= 3,4 km/h	= 3,8 km/h
2. Gang	= 6,8 km/h	= 7,6 km/h
3. Gang	= 9,0 km/h	= 10,0 km/h
Rückwärts	= 3,7 km/h	= 4,1 km/h

Wie sich Fritz Strecker, ein in Morsbach bei Künzelsau lebender Zeitgenosse erinnert, gab es zumindest bei den letztgebauten 15/30er Bulldogs eine weitere Möglichkeit der Getriebeauswahl. Bei dieser Ausführung waren auf der rechten Seite des Getriebegehäuses zwei Getriebewellen nach außen geführt worden. Auf den als Vielkeilwellen ausgebildeten Wellenenden waren zwei verschieden große Zahnräder aufgesteckt, welche durch einen Gußdeckel gesichert und abgedeckt waren. Durch das Umstecken dieser Zahnräder konnte die Fahrgeschwindigkeit so verändert werden, daß die Ackergeschwindigkeit von etwa 8 km/h bzw. die Straßengeschwindigkeit von etwa 15 km/h erreicht wurden. Wie Fritz Strecker weiter erzählt, war ein mit diesem Getriebe ausgerüsteter 15/30er Bulldog bis lange nach dem Krieg in einem Steinbruch in der Nähe seines Wohnorts eingesetzt. Dieser Bulldog war 1934 als Verkehrs-Bulldog gekauft und ursprünglich für den Abtransport der gewonnenen Steine aus dem Steinbruch sowie dem anschließenden Transport zum Kunden über oft viele Kilometer eingesetzt worden. Mit dieser Getriebeausführung konnten die schweren Lasten aus dem oft unwegsamen Gelände des Steinbruchs gezogen werden, ohne daß die Antriebsräder ausgewechselt werden mußten. Es wurde lediglich die kleine Geschwindigkeit über die Zahnräder vorgewählt und die Blitzgreifer herausgezogen. War der Bulldog außerhalb des Steinbruchs auf befestigtem Boden angelangt, wurden die Zahnräder wieder vertauscht und die Blitzgreifer versenkt, bevor die Fahrt mit der großen Geschwindigkeit über die Landstraße zum Kunden weiterging.

Der Raupen-Bulldog war an den Hinterrädern mit einer Ritscher-Anbauraupe ausgerüstet. Zum Antrieb konnten sowohl der Acker- als auch

Acker-Bulldog mit Anbauraupen und Grabenfräse von der Firma Ritscher.

Der Auspuff wurde wahlweise nach oben oder unten geliefert.

Der erste in Deutschland gebaute luftbereifte Schlepper für landwirtschaftliche Zwecke, ein Verkehrs-Bulldog der ersten Generation.

Das untere Bild zeigt einen hochelastikbereiften Verkehrs-Bulldog der dritten Generation mit der damals üblichen Beleuchtung.

Auf Wunsch wurden die 15/30-Bulldogs auch mit breiten, die Hinterräder abdeckenden Kotflügeln geliefert, ebenso mit einer Anbaubandsäge.

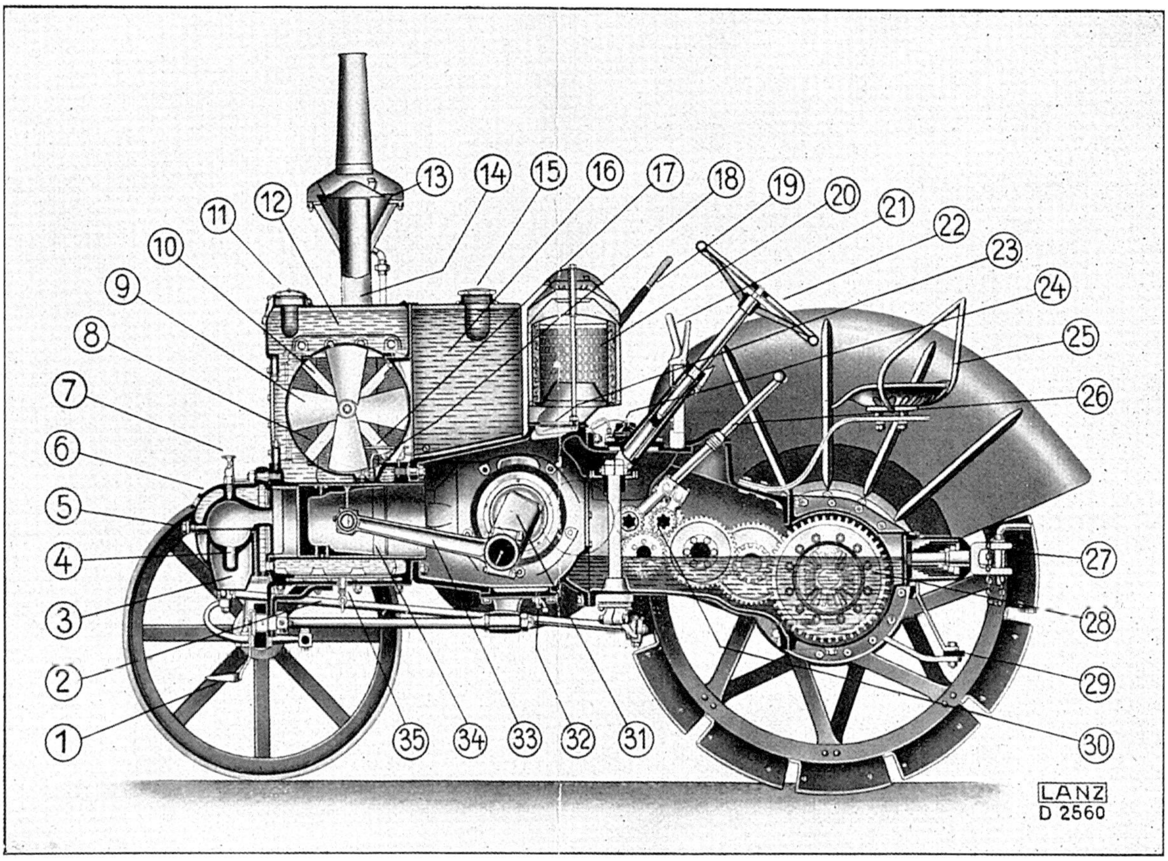

Schweröl-Radschlepper „Kühlerbulldog" (Längsschnitt)

1. Lampenhalter.
2. Steuerstange.
3. Schutzkappe.
4. Zündkopf.
5. Sicherheitsschraube.
6. Zylinderkopf.
7. verstellbare Einspritzdüse.
8. Kühlerelemente.
9. Ventilator.
10. Luftleitflügel.
11. Wasser-Einfüllöffnung.
12. Kühlwasserbehälter.
13. Schalldämpfer.
14. Auspuffleitung.
15. Brennstoff-Einfüllöffnung.
16. Brennstoff-Behälter.
17. Leitung für Petroleumspülung.
18. Kolbenschmierung.
19. Brennstoffhebel.
20. Luftdoppelfilter.
21. Hebel der Getriebehandbremse.
22. Lenkrad.
23. Luftklappen.
24. Zentralschmierapparat.
25. Führersitz.
26. Gangschalthebel.
27. Anhängevorrichtung für Wagen.
28. Ausgleichgetriebe.
29. Anhängevorrichtung für Ackergeräte.
30. Schaltgetriebe.
31. Kurbelwelle.
32. Ölablaßhahn.
33. Pleuelstange.
34. Kolben.
35. Wasserablaßhahn.

der Straßen-Bulldog verwendet werden. Er kam hauptsächlich für schwere Zugarbeiten, im Gelände und auf weichen Böden zum Einsatz.
Der neue Kühler-Bulldog HR 5 wurde ab Sommer 1929 angeboten und ersetzte damit den HR 2 und den HR 4. Ab September 1929 wurde die Motordrehzahl von 500 U/min auf 540 U/min erhöht. Dadurch konnte die Dauerleistung von 30 auf 35 PS und die Zughakenkraft von 900 kg auf 1200 kg gesteigert werden. Die Fahrgeschwindigkeiten änderten sich dann wie folgt:

	Acker-Bulldog	Verkehrs-Bulldog
1. Gang	= 4,0 km/h	= 5,9 km/h
2. Gang	= 5,5 km/h	= 11,8 km/h
3. Gang	= 7,5 km/h	= 15,8 km/h
Rückwärts	= 4,4 km/h	= 6,4 km/h

Bei der Lieferung einer elektrischen Lichtanlage wurden ab sofort zwei Fahrscheinwerfer montiert, jeweils rechts und links des Kühlers, welche durch einen „Laternenhalter" verbunden waren. Eine Lösung, die auf besonderen Wunsch auch schon vorher zu bekommen war.
Auch bei der Einführung der Luftbereifung bei Zugmaschinen erwies sich die Firma Lanz in Europa als Förderer und Wegbereiter. Ende der zwanziger Jahre wurde ihr bekannt, daß in Amerika erste luftbereifte Traktoren in Zusammenarbeit mit der Reifenfirma Firestone angeboten wurden. Wie es weiter hieß, sollten auch schon ein paar dieser Traktoren nach Europa gelangt sein. Dr. Fritz Huber sah mit der neuen Bereifung

Ein Verkehrs-Bulldog 15/30 C mit dem ersten Führerhaus als Prototyp.

eine Möglichkeit, die Bulldogs ohne Umbaumaßnahmen der Räder für Acker und Straße gleich tauglich zu machen. Außerdem konnte mit dieser Bereifung eine einheitliche Bestückung der Getriebezahnräder erfolgen und dadurch die Wirtschaftlichkeit des Bulldogs weiter gesteigert werden. Nach einigen Nachforschungen war es gelungen, in Österreich einen dieser Traktoren ausfindig zu machen. Als dann der dortige Lanz-Vertreter nur Positives über den Einsatz dieser Bereifung berichtete, wandte sich die Firma Lanz an das hannoversche Gummiwerk Continental, um gemeinsam diese Entwicklungen aufzugreifen. Die Versuche verliefen so erfolgreich, daß noch im Jahre 1929 die ersten Lufträder für den 15/30-Bulldog angeboten wurden. Doch dauerte es eine geraume Zeit, bis sich die Käufer der Bulldogs von den Vorteilen der Lufträder überzeugen ließen. Allein die Vorstellung, daß der Schlepper mit Luftreifen auf dem Acker dieselbe Zugkraft entwickeln sollte wie mit Eisenrädern, bei denen sich die spitzen Metallstollen regelrecht in den weichen Ackerboden eingruben, war nicht nur bei den Landwirten unvorstellbar.

Der weitere technische Fortschritt war nun dem Regler gewidmet: Zu Beginn stand der für ventilgesteuerte Dampfmaschinen vom Konstrukteur Lentz entwickelte Regler, der dann umkonstruiert und ab 1919/1920 für den Huberschen Glühkopfmotor weiterentwickelt worden war. Er bestand aus einem Gehäuse, das auf der Innenseite des rechten Schwungrades festgeschraubt war. Innerhalb des Gehäuses waren die Reglergewichte gelagert. Beim Rotieren des Reglers wurden die Reglergewichte gegen die Federkraft der Reglerfedern nach außen gedrückt, verdrehten dadurch einen Exzenter und regelten somit die Kraftstoffmenge. Von den Reglergewichten waren eines für die untere, ein zweites für die obere Leerlaufdrehzahl bestimmt. Die Fliehkraft konnte durch die Veränderung der Federkraft beeinflußt werden, wodurch die Motordrehzahl eingestellt wurde. Der Regler war zu der Zeit noch mit zwei gleichen Federn ausgerüstet. Bei der Weiterentwicklung wurden nun zusätzlich zwei Blattfedern eingebaut, welche einen Stufensprung in der oberen Drehzahl ermöglichten. Jetzt war es

Die neue Bauart

„Kühlerbulldog"

behält in ihren Grundzügen die bewährte Bauart des Großbulldog bei:

Liegender Einzylinder-Zweitakt-Rohölmotor
Glühkopf mit oder ohne elektrische Anlaßzündung
Rahmenloses Fahrgestell

Wir sind von diesen Grundzügen nicht abgewichen, denn in ihnen liegt die erfolgreiche Eigenart unseres Schleppers und seine tausendfach bewiesene Überlegenheit als Schlepper für die Landwirtschaft und schwere Lastenförderung. — Der Zweitakt-Glühkopfmotor gibt der Maschine ihre von keinem anderen Erzeugnis erreichte Einfachheit in Bauart und Bedienung. Der Betrieb mit Rohöl sichert unserem Schlepper eine Wirtschaftlichkeit, die keine für einen anderen Brennstoff gebaute Maschine jemals haben kann.

Zu den besonderen Merkmalen des neuen Kühlerbulldogs gehören:

1. Steigerung der Leistung auf 30 PS

2. Kühler mit Ventilator

Kein Nachfüllen von Kühlwasser während der Arbeit, keine Dampfentwicklung

3. Luftfilter

Wirkungsgrad 100 %

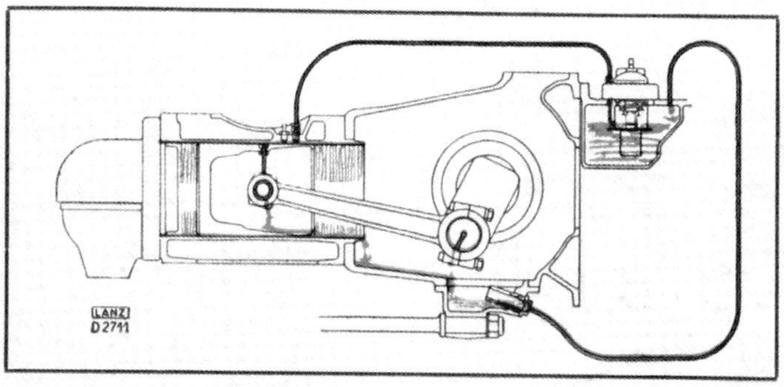

4. Umlaufschmierung mit **Frischölzusatz,** geringer Schmierölverbrauch.

Einmalige Füllung der Schmierölbehälter ausreichend für einen vollen Arbeitstag von 10 Stunden.

5. Automobilmäßige Schaltung mit drei Vorwärtsgängen und einem Rückwärtsgang.

6. Kupplung durch Fußhebel. Die Kupplung wird bei Betätigung des Bremshebels selbsttätig ausgerückt.

7. Anhängevorrichtung für Ackergeräte senkrecht und wagrecht **verstellbar** und **gefedert.**

8. Zapfwellenantrieb, der die **ganze** Motorleistung überträgt.

Lanz-Werbung vom Sommer 1929

LANZ-Schweröl-Radschlepper
BULLDOG 15/30 PS

Der bewährte, vielseitige und billige Helfer des Landwirts

bei der Bodenbearbeitung
bei der Getreide-Ernte usw.
als Antriebsmaschine und
beim Transport von Lasten

Unverwüstlich in der Bauart / Einfach in der Bedienung / Sparsam im Betrieb

Diese drei Eigenschaften, die jeder an Maschinen schätzt, sind auch die wichtigsten Merkmale des Bulldog!

Bauart

Block-Bauart: Zylinder-, Kurbel-, Getriebegehäuse sowie Achstrichter zu einem festen Ganzen verschraubt
Liegender, ventilloser Einzylinder
Zweitakt-Glühkopf-Motor
Dreibacken-Sicherheitskupplung
Thermosyphon-Kühlung
Luftdoppelfilter

Preßöl-Umlaufschmierung für den Motor mit Frischölzusatz
Hochdruck - Preßschmierung für die übrigen Schmierstellen
Dreigang-Wechselgetriebe mit Automobil-Kugelschaltung
Kegelrad-Differential
Achsschenkel-Lenkung
Getriebe-Hand- und Fußbremse; Kupplungsbremse
Riemenscheibe linksseitig auf der Kurbelwelle

Normal-Ausrüstung (im Bulldogpreis einbegriffen)

Starre Vorderachse, Vorderräder mit je 2 Spurringhälften, Hinterräder mit je 12 aufgenieteten 100 mm hohen Winkelgreifern und je 1 Laufring für Straßenfahrt, 2 Kotflügel, 1 gefederte Last-Anhängevorrichtung, 1 tieferliegende Acker-Anhängevorrichtung mit besonderer Zugfeder, 1 Werkzeugkasten mit vollständigem Werkzeug und kleineren Ersatzteilen.

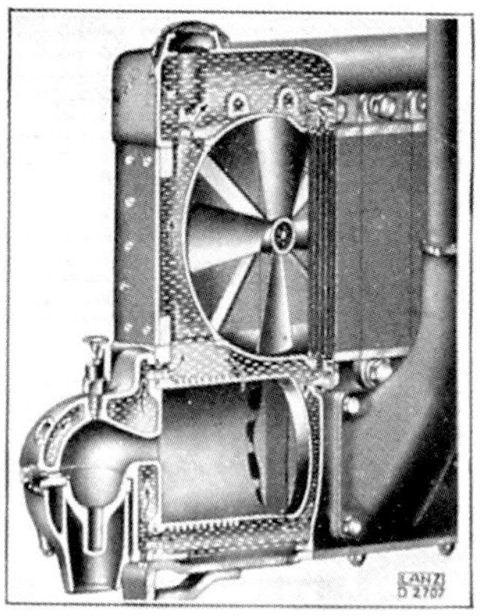

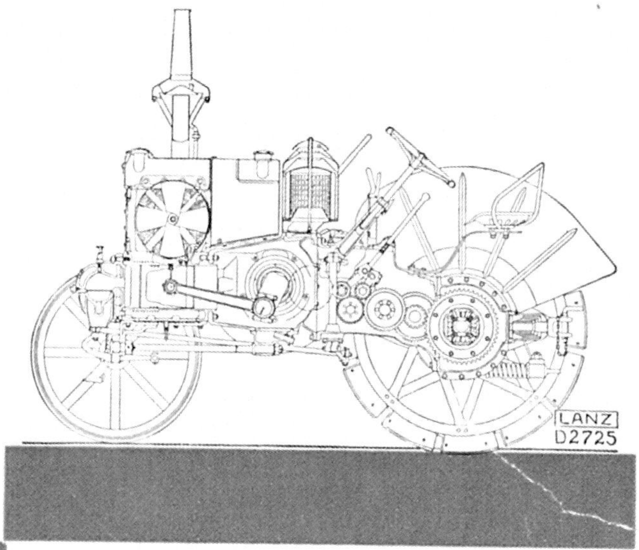

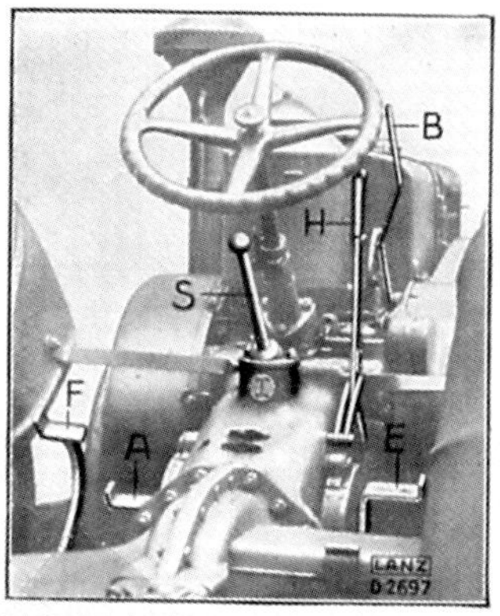

Technische Angaben

Abmessungen

Länge . . . 3200 mm
Breite . . . 1945 mm
Höhe . . . 2240 mm

Motor

Dauerleistung . . . 30 PS
Zughakenkraft . . . 1200—1300 kg
Kolbenhub . . . 260 mm
Zylinderbohrung . . . ⌀ 225 mm
Zylinderinhalt . . . 12,6 Liter
Brennstoffverbrauch . . . etwa 1/4 kg je PS/Std.
Schmierölverbrauch . . . etwa 8 g je PS/Std.
Inhalt des Brennstoffbehälters . . . 60 Liter
Inhalt des Schmierölbehälters . . . 8,5 Liter
Brennstoffe . . . Rohöl, Gasöl, Erdöl, auch Petroleum usw.
Riemenscheibe . . . 680 mm ⌀, 170 mm breit, 540 U. i. d. Min.

Räder

vorn . . . 900 mm ⌀, 150 mm breit
hinten . . . 1150 mm ⌀, 300 mm breit

Spurweite von Mitte zu Mitte Rad

vorn . . . 1465 mm
hinten . . . 1395 mm

Achsenabstand . . . 1864 mm

Wendekreishalbmesser

bis zum Außenrand . . . 4,7 m

Bodenfreiheit . . . 305 mm

Fahrgeschwindigkeiten

vorwärts . . . 3,3 – 4,5 – 6,0 km/Std.
rückwärts . . . 3,6 km/Std.

Gewicht

betriebsfertig . . . 2580 kg

Arbeitsleistung auf mittelschweren Böden

Arbeit	Anzahl der Pflugkörper	Arbeitsbreite cm	Stdl. Leistung Morgen	Brennstoffverbrauch kg/Morgen
Tiefpflügen 25—30 cm	2—3	56—90	1—1,5	5—6
Saatpflügen 20—25 cm	3—4	90—105	1,5—2	4—5
Schälen	6—10	120—230	3—4	1,7—2,1
Kultivieren		250	bis 6	etwa 1,3
Eggen		300—400	6—10	0,7—1,3
Walzen		300		

Der Ackerbulldog betreibt eine Dreschmaschine mit einer stündlichen Leistung an Weizenkörnern bis etwa 50 Ztr. (2500 kg) einschließlich Hilfsapparate, wie Selbsteinleger und Spreubläser, sowie die zugehörige Lang-Strohpresse mit selbsttätiger Garnbindung; dabei beträgt der Brennstoffverbrauch je Stunde etwa 3,8 bis 5,5 kg.

HEINRICH **LANZ** MANNHEIM

AKTIENGESELLSCHAFT

P D 1744

Einer der ersten Kühler-Bulldogs mit 15/30 PS steht im Auto- und Technik-Museum. Der Fahrraum wurde später vom Besitzer umgebaut. Dazu wurden Original-Lanz-Teile von später gebauten Bulldogs verwendet und an diesen fachgerecht angepaßt.

möglich, die Drehzahl von 540 U/min auf 630 U/min und dadurch die Dauerleistung auf 38 PS zu steigern. Mit diesem neuen Regler konnten fortan zwei weitere Bulldog-Typen angeboten werden: Der Verkehrs-Bulldog 15/30 c und der Acker-Bulldog 22/38 HR 6.

Die Besonderheit des Verkehrs-Bulldogs 15/30 c war einmal der Stufenregler, der neben der Leistungssteigerung auf 38 PS nun sechs statt bisher drei Fahrgeschwindigkeiten bot:

	Elastikbereifung	
	540 U/min	630 U/min
1. Gang	= 3,7 km/h	= 4,4 km/h
2. Gang	= 7,4 km/h	= 8,6 km/h
3. Gang	= 13,4 km/h	= 15,6 km/h
Rückwärts	= 3,5 km/h	= 4,4 km/h

	Luftbereifung	
	540 U/min	630 U/min
1. Gang	= 4,7 km/h	= 5,4 km/h
2. Gang	= 9,2 km/h	= 10,7 km/h
3. Gang	= 16,6 km/h	= 19,4 km/h
Rückwärts	= 4,4 km/h	= 5,1 km/h

Dazu konnten breite, über die Hinterräder reichende Kotflügel bestellt werden. Neu war ebenfalls der Aufbau einer festen Kabine. Dieser erfolgte auf Wunsch und gegen Aufpreis. Die Lieferung mit offenem Fahrersitz oder Wetterverdeck, dazu wiederum auf Wunsch mit Seitenteilen, war nach wie vor möglich. Weiter war eine Lieferung mit Luftbereifung, hinten zwillingsbereift, möglich. Alles weitere Zubehör entsprach dem 30 PS starken Verkehrs-Bulldog.

Der 22/38-PS-Verkehrs-Schlepper, hier mit Hochelastik-Bereifung, war die weiterentwickelte Version des Verkehrs-Bulldog 15/30 C.

Die 22/38-Serie

Die Fertigung der 38 PS starken Bulldogs begann mit dem 22/38-Acker-Bulldog. Auch hier wurde die neue Bezeichnung 22/38 aus der Leistung des Bulldogs abgeleitet, was folgendes bedeutete:

Nennleistung	22 PS
Dauerleistung	38 PS
Spitzenleistung	44 PS

Bei der Weiterentwicklung seit dem Beginn der HR-Serie handelte es sich inzwischen um den sechsten Entwicklungsschritt, deshalb wurde die Zusatzbezeichnung „HR 6“ festgelegt.
Die Hauptmerkmale, durch die diese Bulldogs sich von den 15/30-Bulldogs unterschieden, waren der Einbau des Stufenreglers, eines größeren Getriebegehäuses mit ebenfalls etwas größeren Achstrichtern und zwei tiefliegenden Bodenblechen – jeweils rechts und links des Getriebegehäuses vor den Achstrichtern als Fußstütze angebaut. Dazu konnte auf Wunsch auch hinter den Achstrichtern eine über die ganze Breite des „Fahrraumes“ reichende Plattform bestellt werden, welche dann auf Höhe der Ackerschiene montiert wurde.
Um die höhere Leistung der 38er Bulldogs besser auf den Boden übertragen zu können, wurden sie mit größeren Hinterrädern ausgerüstet. Die Laufringe für die Straßenfahrt hatten nun einen Durchmesser von 1550 mm gegenüber 1450 mm der 15/30er Bulldogs. Entsprechend konnte auch die Zugkraft auf dem Acker von bisher 1200 bis 1300 kg auf jetzt 1300 bis 1400 kg gesteigert werden.
Die Riemenscheibe, damals die wichtigste Energiequelle für den stationären Betrieb, wurde von 170 mm auf 190 mm verbreitert, um zu gewährleisten, daß die volle Motorleistung über einen Flachriemen auf die anzutreibende Maschine übertragen werden konnte.
Die PS-Angabe auf dem Typenschild lautete beim Acker-Bulldog in aller Regel 22/38 PS, doch wurden einige Schlepper mit der kompletten PS-Angabe versehen, also 22/38/44 PS. Hier handelte es sich hauptsächlich um Exportausführungen, die unter anderem nach Frankreich geliefert wurden. Beim Verkehrs-Bulldog wur-

22/38 PS starker Acker-Bulldog mit Seilwinde und Bergstütze für seitlichen Seilzug.

den lediglich 38 PS auf dem Typenschild angegeben.
Der Verkehrs-Bulldog löste den Typ 15/30c ab und wurde mit erweitertem Zubehör angeboten. Zwei Grundausführungen standen zur Auswahl: Der Verkehrs-Bulldog mit nach oben gerichtetem Auspuff, dazu muschelförmigen Kotflügeln über den Hinterrädern. Er war besonders für den Antrieb mit der Riemenscheibe geeignet. Bevorzugt wurde die Ausführung für den Antrieb schwerer Dreschmaschinen oder auch von Karussells oder ähnlichen Schaustelleraufbauten. Die zweite Ausführung hatte den Auspuff nach unten gerichtet. Dazu kamen breite, über Hinter- und Vorderräder reichende Kotflügel, die durch Trittbretter miteinander verbunden waren. Diese Kotflügel verliehen dem Bulldog eine sehr schnittige Form und ein fast „automobilmäßiges" Aussehen. Heute werden diese Kotflügel allgemein „Eil-Bulldog-Kotflügel" genannt. Selbstverständlich handelte es sich hier um Grundausfüh-

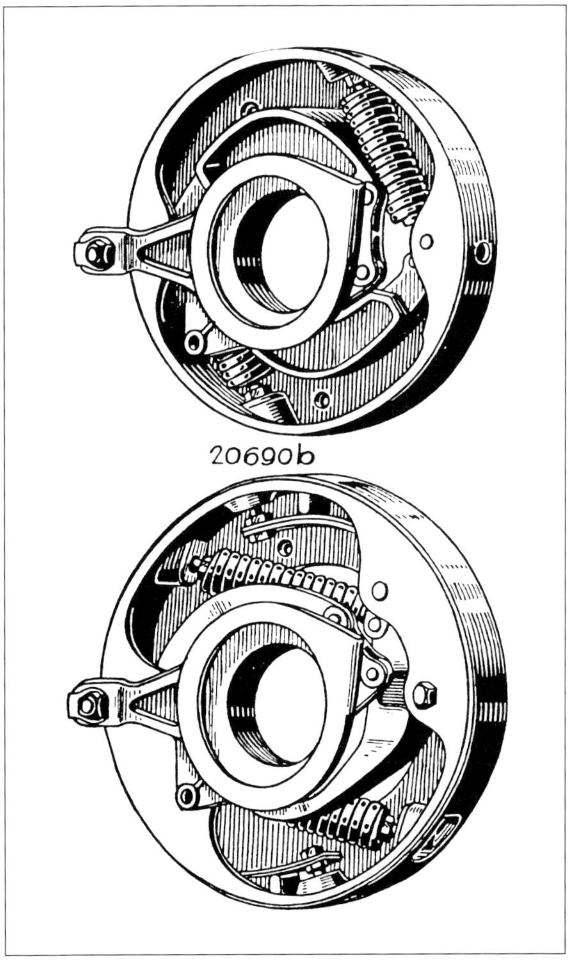

Dieses Bild zeigt oben den Regler der 15/30-Bulldogs sowie unten den Stufenregler der 22/38-Bulldogs.

rungen, die jeweils gegen Aufpreis um- oder aufgerüstet werden konnten.
Die Standardbereifung dieser Bulldogs war damals noch die Hochelastik-Bereifung, vorne einfach und hinten zwillingsbereift. Doch wurde gegen entsprechenden Aufpreis auch eine Luftbereifung geliefert, vorne einfach, hinten auf Wunsch auch zwillingsbereift.
Der Fahrersitz wurde als einfacher Blechsitz mit Sitzkissen, als gepolsterter Einzelsitz oder als komplett gepolsterte Sitzbank geliefert. Ebenso stand eine verbesserte Kabine zur Verfügung.
Als weitere Ausführung war auch in dieser Typenreihe ein Raupen-Bulldog zu haben. Dabei handelte es sich diesmal um eine Vollketten-Raupe: der erste Vollketten-Bulldog überhaupt. Doch Näheres dazu im Kapitel „Raupen-Bulldog" des Buches „Lanz von 1942 bis 1955".

Einfach bereifter Verkehrs-Bulldog.

Der 22/38-PS-Verkehrs-Bulldog mit zwillingsbereiften Lufträdern, einmal mit offenem Führerstand und einmal mit der in Serie gebauten Kabine.

Den 24/40-Bulldog gab es nur in Ackerausführung. Er wurde auch unter der Bezeichnung Kühler-Bulldog Modell D geführt.

Typ 24/40, der Teeröl-Bulldog

Der Kühler-Bulldog 24/40 war der seltenste in Serie gefertigte Bulldog der 15/30-Generation und zählte ebenfalls zur „HR 6"-Entwicklung. Auch hier wurde die Typenbezeichnung 24/40 aus der Leistung des Bulldogs abgeleitet und sagte folgendes aus:

Nennleistung	24 PS
Dauerleistung	40 PS
Spitzenleistung	46 PS

Bei diesem Bulldog handelte es sich um einen speziellen Teeröl-Bulldog, der durch entsprechende Umbauten aus dem Typ 22/38 hergestellt wurde. Zum Einbau kamen beim Typ 24/40 folgende Teile, die gegenüber dem 22/38 abgeändert waren: Zylinder, Kolben, Pleuel, Zylinderkopf, Zündsack, Regler, Einspritzdüse, Steigrohr und Tank. Was an den einzelnen Motorenteilen abgeändert worden war, ließ sich nicht mehr feststellen. Es kann jedoch davon ausgegangen werden, daß der Hubraum durch den Einbau des vergrößerten Zündsacks erhöht wurde. So ließe sich auch die Erhöhung der Dauerleistung von 38 auf 40 PS erklären.

Beim Regler handelte es sich nicht, wie bisher üblich, um den Stufenregler, sondern um einen herkömmlichen Regler, wie er bei den 15/30-Bulldogs verwendet wurde. Die Drehzahl betrug 630 U/min. Das dickflüssige Teeröl wurde im

Steigrohr durch das heiße Kühlwasser vorgewärmt, um es dünnflüssiger zu machen. Dies war notwendig, um den Treibstoff problemlos durch Leitungen, Pumpe und Düse zu fördern und um eine gute Verbrennung im Zündsack zu erreichen, denn Teeröl hat einen höheren Flammpunkt (siehe dazu Band 1, Seite 186). Hierzu war auch der Einbau eines extrem langen Zündsacks notwendig, damit entsprechend mehr Wärme gespeichert werden konnte. Die Verwendung dieses Zündsacks hatte zur Folge, daß auch der komplette Zylinderkopf ausgetauscht werden mußte. Der zum Einbau gekommene Zylinderkopf hatte eine Schräglage nach vorne. Dies war notwendig, wollte man nicht mit der Vorderachse in Berührung kommen.
Das Starten des Bulldogs erfolgte mit einem dem Gasöl ähnlichen Treibstoff aus einem separaten Tank. Die Umschaltung auf Teeröl konnte aber erst erfolgen, wenn das Kühlwasser die nötige Temperatur erreicht hatte und das Teeröl entsprechend dünnflüssig wurde.
Der 24/40-Kühler-Bulldog wurde nur in der Ausführung als Acker-Bulldog geliefert. Leider gibt es heute keine Angaben mehr darüber, wieviel Stück jemals angefertigt wurden. Auch ist dem Autor nicht bekannt, ob noch ein Bulldog aus dieser Serie „überlebt" hat.

Schnitt durch den Teeröl-Bulldog.

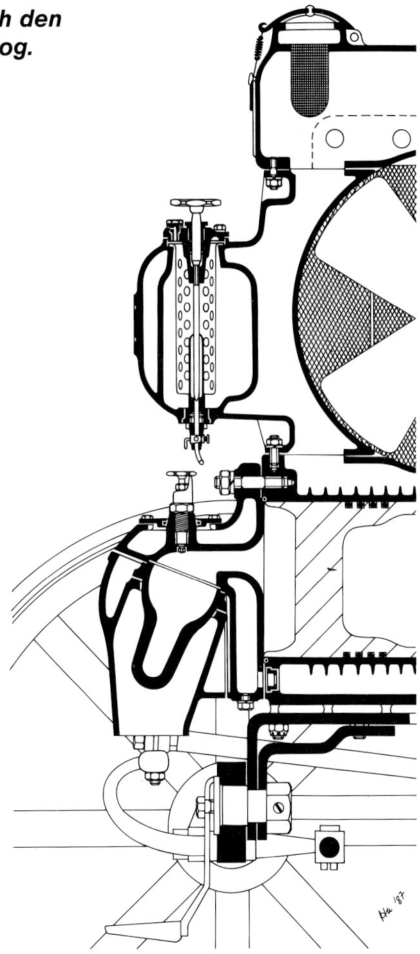

Sonder-Bulldog für Rußland

Im Sommer 1930 unternahm Dr. Fritz Huber eine Reise nach Rußland. Eine Reise, für die ursprünglich zwei bis drei Wochen geplant waren, die sich dann aber über 70 Tage hinzog. Es ging um die Beobachtung verschiedener Tests an einem Lanz-Bulldog, der speziell für Rußland angefertigt wurde und später in Lizenz gebaut werden sollte.
In Rußland prüfte man damals Schlepper verschiedener Fabrikate aus verschiedenen Ländern, sogar aus Amerika. Diese Testschlepper waren mit unterschiedlichen Motoren ausgerüstet und benötigten deshalb Treibstoffe wie Benzin, Traktorentreibstoff oder auch Diesel. Alles Treibstoffe, welche in der damaligen Zeit in Rußland in nicht allzu großen Mengen zur Verfügung standen.
Ganz anders dagegen der Bulldog. Er begnügte sich mit Ölrückständen wie Großny-Naphtha, Großny-Mazut, Baku-Naphtha und Baku-Mazut. Also mit Treibstoffen, die in größeren Mengen als Abfallöle anfielen und wenig genutzt werden konnten.
Bei der Firma Lanz machte man sich große Hoffnungen, diesen Lizenz-Vertrag abschließen zu können. Des weiteren baute man auf die guten Geschäftsbeziehungen aus der Zeit vor dem Ersten Weltkrieg, als Rußland allein 30 bis 40 Prozent der Lanzschen Lokomobilproduktion beanspruchte. In dieser Zeit hatten die Russen Gelegenheit genug, die Qualität aus Deutschland, besonders aber aus der Fabrik Lanz kennen- und schätzenzulernen.

Die neue Regierung Rußlands, welche zum Ende des Ersten Weltkriegs gebildet wurde, verfolgte neue Ziele: Man war von den Einfuhren abgekommen und versuchte, selbst zu produzieren, eine eigene Industrie aufzubauen. In den ersten Nachkriegsjahren wirkten sich aber die Kriegsfolgen und Bürgerkriegszeiten äußerst negativ aus. Doch inzwischen war über ein Jahrzehnt seit Kriegsende vergangen und Rußland hatte in dieser Zeit Beachtenswertes aus dem Boden gestampft. Hierzu einige Zitate aus dem 16seitigen Reisebericht, der uns von Dr. Hubers Reise erhalten geblieben ist:

„In Rostow wurde die große Fabrik für landwirtschaftliche Maschinen ‚Selmarch-Stroi' besichtigt. Diese Fabrik wird unnatürlich eingerichtet. Sie ist gebaut für 10 000 Mann, liegt weit ab von der Stadt und ist für Angestellte und Arbeiter schwer zu erreichen. Außerdem liegt sie auch nicht gerade in einem Eisen- oder Kohlenzentrum. Es sollen dort jährlich 100 000 Ackerwagen gebaut werden, ferner will man bauen: Erntemaschinen, Rechen und Bindemäher. Der McCormick-Mäher dient als Vorbild. Drillmaschinen werden ebenfalls jetzt angefangen. Die Fabrik besitzt eine große Eisen- und Stahlgießerei. In der Schmiede sind über 600 Spezialmaschinen. Die anderen Abteilungen sollen natürlich auch entsprechend umfangreich ausgestattet werden. Überall sind Sprinkler-Anlagen eingebaut. Die Arbeitszeit ist von 7 bis 10 und von 11 bis 15 Uhr. Diese Fabrik wird nach Fertigstellung die größte landwirtschaftliche Maschinenfabrik Europas sein.

Besuch auf dem Gut Gigant. Dasselbe hat 186 000 ha, die Ausdehnung ist ca. 50 x 75 km. Das Gut gehört zu den Besitzungen des Cerno-Trust, welche in der Gesamtheit 2 100 000 ha umfassen. Die Größe der zu bearbeitenden Felder ist daraus zu erkennen, daß es Ackerfurchen bis zu 8 km Länge gibt. Das Gebiet ist eine ausgesprochene Steppe, wasserarm, besitzt höchst durchsichtige Luft mit Luftspiegelungen. Für diese Gebiete sind natürlich nur Getreidesorten am Platze, welche sehr wenig Wasser fordern. Das Gut wird von einer Zentralniederlassung aus bearbeitet. Fernabliegende Gebiete werden vorübergehend von einer Abteilung Leute bearbeitet, welche dorthin mit Wagen und Zelten ziehen. Einige Frauen führen die Wirtschaft. Nach Tagen oder Wochen wird wieder ein anderer Platz aufgesucht. Die Traktoren, welche dort ausschließlich benützt werden, sind IHC und 60-PS-Caterpillar-Raupenfahrzeuge. Für die letzteren wird als Brennstoff Ligroin verwendet, für die IHC-Traktoren aber Kerosine.

Das Versuchsgut Werblyud hat 40 000 ha und beschäftigt 3500 Mann. Dieses Gut dient zum Ausprobieren der landwirtschaftlichen Maschinen und zur akademischen Heranbildung von Landwirten. Ein dort angestellter Professor hat in Mannheim studiert; er gibt an, daß die Maschinen dort 20 Stunden arbeiten sollen, vier Stunden sollen zur Reinigung und Abschmieren usw. verwendet werden. Der Professor hofft, daß mit den Maschinen 3000 Arbeitsstunden im Jahre erzielt werden können."

„Die Prüfung unseres Bulldogs fand auf dem Institut Wis-chom (Bucxom) statt. Das ist ein Institut zur Prüfung landwirtschaftlicher Maschinen, welches in großem Umfange in der Nähe Moskaus eben errichtet wird. Dort ist bereits die Prüfung vieler landwirtschaftlicher Maschinen und Traktoren im Gange. Die Maschinen werden auch zerlegt und junge Techniker und Technikerinnen zeichnen eifrig alle Teile ab. Die technische Ausbildung von solchen Leuten ist oft sehr gering. Einer der Techniker, welche die Abmessungen an den zerlegten Traktoren machen, fragt, wieviele Zylinder unser Motor habe, nachdem bereits der Kolben schon herausgenommen war. Ein Teil der Prüfung unseres Traktors fand auch auf dem Probierstand der Petrowska-Akademie statt, einer landwirtschaftlichen Akademie, die schon vor dem Kriege bestand und in der Nähe gelegen ist. Auch an dieser Akademie wird in ganz großem Umfange neu gebaut. Unter anderem baut man jetzt ein Speisehaus für 6000 Leute. Die Eßverhältnisse dort sind mehr als primitiv, Schlangestehen in höchstem Maße, dürftigste Kost.

Über Lohnverhältnisse sei folgendes erwähnt: eine Technikerin auf Wis-chom, deren Leistungen wirklich bescheiden sind, erhält, da sie Facharbeiterin ist, im Monat 150 Rubel. Zum Vergleich sei erwähnt, daß eine Fabrikarbeiterin, etwa in einer Schuhfabrik oder dergleichen, etwa 70 bis 90 Rubel erhält, eine Stenotypistin etwa 120 Rubel. Ein gelernter Arbeiter in den besten Jahren dürfte etwa im Durchschnitt 150 Rubel im Monat verdienen. Es gibt zwar keine Steuern, aber es wurde mir erzählt, daß eine Arbeiterin im Jahre zweimal auf den Monatslohn verzichtet, weil man zu irgend einem allgemeinen Zweck

Der 22/38 PS starke Russen-Bulldog HRR.

bisweilen Sammlungen veranstaltet, wobei der Vorstand des betreffenden Amtes, ein Mitglied der Partei, einen ganzen Monatslohn zeichnet und da müssen alle anderen auch mittun, wollen sie sich nicht unmöglich machen.“

Für den Umbau zum Russen-Bulldog wurde als Grundtyp der 22/38-PS-Bulldog in Ackerausführung ausgewählt. Die Zusatzbezeichnung lautete HRR, was folgendes bedeutete: HR = Huber-Großbulldog, R = Rußland.

Der Bulldog war mit einem überaus großen Kraftstofftank ausgerüstet, der über den kompletten Motorenteil reichte und in den der minderwertige Treibstoff gefüllt wurde. Bevor er der Einspritzpumpe zugeführt werden konnte, mußte er den Wärmetauscher am Steigrohr (Teeröleinrichtung) durchlaufen, um eine gewisse Dünnflüssigkeit zu erreichen. Der bisherige Kraftstofftank war ebenfalls vorhanden. Er beinhaltete Gasöl oder einen ähnlichen Treibstoff, der für die Start- und Warmfahr-Phase benötigt wurde. Des weiteren war in diesem Tank ein zusätzlicher Tank eingebaut, worin Wasser mitgeführt wurde. Dieses Wasser wurde in kleiner Menge über eine separate Einspritzpumpe in den Zündsack eingespritzt, um zu verhindern, daß sich Ölkohle ablagerte. Da die komplette Oberseite des Motorteils von dem übergroßen Tank bedeckt war, mußten die Einfüllöffnungen der untenliegenden Tanks und des Wasserkastens zur Seite bzw. nach vorne verlegt werden. Weiter war der Bulldog mit einer elektrischen Lichtanlage ausgerüstet, einer Riemenleitrolle für die Verwendung zum stationären Antrieb, sowie verbreiterten Hinterrädern für schwere Zugarbeiten.

Wie aus dem Bericht von Dr. Huber zu entnehmen war, erwähnte er mehrmals „unser Bulldog“. Deshalb kann davon ausgegangen werden, daß vom Bulldog Typ HRR nur ein Exemplar angefertigt wurde, das dann in Rußland für Testzwecke zur Verfügung gestellt wurde. Doch aus dem Geschäft wurde nichts, die Amerikaner konnten die Lizenzverträge abschließen. Zum Zuge kamen eine schwere Caterpillar-Raupe und ein leichter Vierzylinder-Schlepper. Leider ist über diese Entscheidung heute nichts mehr in Erfahrung zu bringen, so daß die Hintergründe nicht aufgedeckt werden konnten.

Technische Anmerkungen

Die Firmenbeschriftung der Bulldogs wurde im Laufe der Bauzeit geändert und teilweise anders plaziert, ebenso die Gestaltung des Steigrohrs. Die allerersten Bulldogs dieser Serie hatten am Wasserkasten den Schriftzug „Lanz“, dazu ein Steigrohr mit Blechdeckel in der Mitte. Diese Ausführung entsprach der der HR-4-Bulldogs. Kurz darauf wurde das Steigrohr aus einer Blechplatte als ein Teil hergestellt, auf deren Mitte ein Prägeschild mit der Aufschrift „Lanz“ angebracht war. Der Wasserkasten war nun völlig ohne Beschriftung. Ab Anfang des Jahres 1930 wurde das Frontblech aus drei Teilen hergestellt und der Wasserkasten zusätzlich mit der Beschriftung „Bulldog“ versehen. Ab dieser Zeit wurden dann überhaupt alle folgenden Schlepper mit der Beschriftung „Bulldog“ versehen. Ab etwa 1934 wurde das „Lanz“-Schild mit einem breiten Rand versehen.
Wie aus dem Bericht „22/28-PS-Kühler-Bulldog HR 4“ zu entnehmen ist, waren die ersten Bulldogs so gebaut, daß beim Bedienen der Fußbremse die Kupplung ausgerückt wurde. Diese Konstruktion wurde beim Bau der 15/30er Bulldogs übernommen. In der Praxis zeigte sich aber sehr schnell, daß diese Lösung nicht sehr glücklich gewählt war. Deshalb änderte man die Fußbremse bei den Verkehrs-Bulldogs ab Nr. 76 822 und bei den Acker-Bulldogs ab Nr. 78 244 so ab, daß gebremst werden konnte, ohne auszukuppeln.
Die Muschelkotflügel, welche ursprünglich für den HF-Bulldog entwickelt und seit dem Bau der HR-2-Bulldogs unverändert übernommen worden waren, wurden ab Anfang der dreißiger Jahre auf der Rückseite mit einer Rundung versehen, um die Unfallgefahr zu vermindern. Starke Veränderungen gab es bei der Vorderachse. Hier wurden nicht nur einzelne Teile geändert, sondern über die komplette Bauzeit drei verschiedene Achsen eingebaut: die Faustachse mit Nabe, die Faustachse mit Flansch und die Gabelachse.

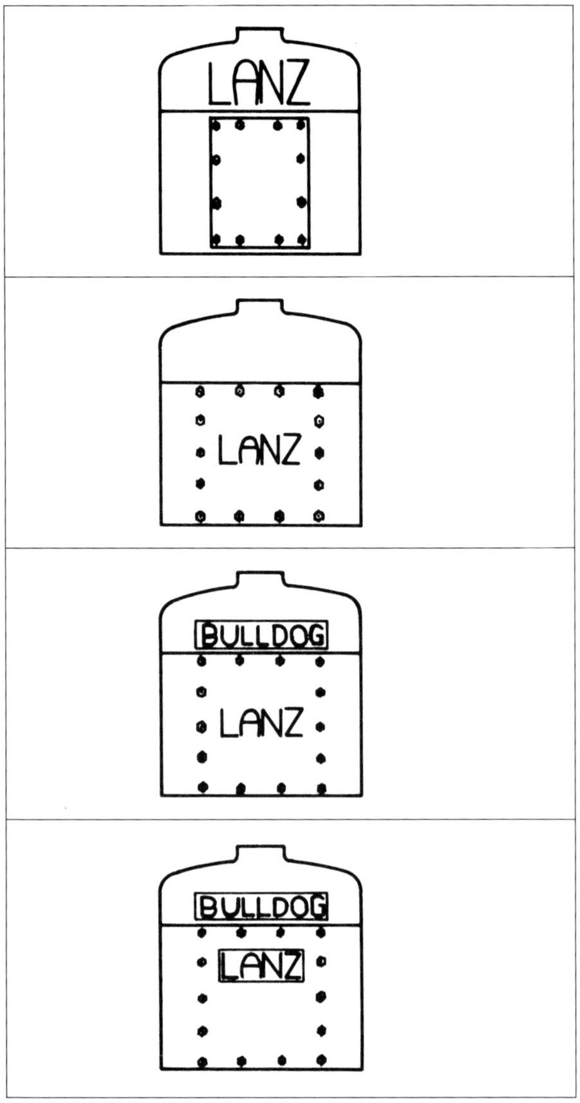

Zum besseren Verständnis wurden die Bulldogs je nach Ausführung in „Generationen“ eingeteilt. Die Bilder zeigen von oben nach unten: 1., 2., 3. und 4. Generation.

	Acker-Bulldog mit ungefederter Achse	Verkehrs-Bulldog mit gefederter Achse
Faustachse mit Nabe	bis Nr. 80 480	Nr. 80 739
Faustachse mit Flansch	bis Nr. 83 493	Nr. 83 428
Gabelachse eingebaut	ab Nr. 83 494	Nr. 83 429

Diese Angaben gelten für Serienlieferungen. Wurde aber etwa ein Acker-Bulldog mit gefederter Vorderachse auf speziellen Wunsch des Kunden ausgerüstet, so war dies in den obengenannten Angaben nicht berücksichtigt. Nachdem die Gabelvorderachse serienmäßig in den

Bulldogs eingebaut wurde, konnte man sie auch bei Ersatzteilbestellungen beziehen. Deshalb kann es vorkommen, daß heute selbst einzelne Verdampfer-Groß-Bulldogs mit einer Gabelvorderachse ausgerüstet sind.

Die Bulldogs der kompletten 15/30-Generation wurden gefertigt von Nr. 75181 bis Nr. 86680. Ab der Nr. 76680 steigerte man die Motordrehzahl auf 540 U/min. Ab der Nr. 80837 wurde der 22/38-Bulldog mit Stufenregler gebaut. Ab Nr. 82044 gab es den Verkehrs-Bulldog 15/30 c, welcher kurz darauf vom 38-PS-Verkehrs-Bulldog abgelöst wurde.

Von Sommer 1929 bis 1935 wurden von allen Typen der 15/30-Generation 11500 Stück verkauft, zu einem Preis von 5350 Mark für den HR 5 und 6350 Mark für den HR 6. Immer mehr dieser Bulldogs wurden über Deutschlands Grenzen hinaus geliefert. Dies konnte man allein daran erkennen, daß die in Messing geprägte und am Luftfiltergehäuse angenietete Betriebsanleitung in folgenden Sprachen geliefert wurde:

Deutsch, Englisch, Französisch, Italienisch, Spanisch, Portugiesisch, Polnisch, Holländisch, Rumänisch, Griechisch, Bulgarisch und Türkisch!

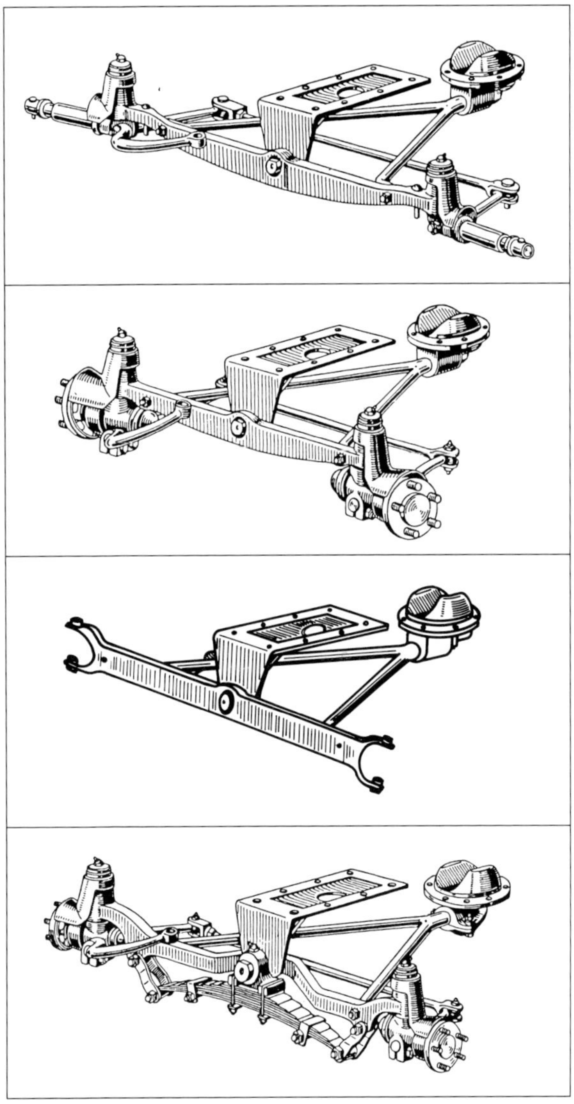

Auch an der Vorderachse kann man das Alter eines Bulldogs erkennen. Die Bilder zeigen von oben nach unten: Faustachse mit Nabe, Faustachse mit Flansch und eine Gabelvorderachse.
Alle Ausführungen gab es auch als gefederte Achsen.

Weltschlepperprüfung 1930 in England

Bevor der 15/30-Bulldog seinen Siegeszug antreten konnte, was ja durch die enormen Verkaufszahlen zweifelsfrei nachgewiesen ist, mußte auch er sich mit seinen Konkurrenten messen lassen. Und dabei hatte er es bedeutend schwerer als sein Vorgänger, der „nur“ mit dem Fordson-Schlepper verglichen wurde. Gegen ihn traten immerhin zehn Benzin-, elf Petroleum- und dazu noch weitere fünf Dieselschlepper an. Das Ganze geschah im Sommer des Jahres 1930, veranstaltet von der Universität Oxford, England, Abteilung Landmaschinenprüfung. Und geprüft wurde sehr genau, wie eine Riemenscheibenleistungs-Prüfung mit halber, dreiviertel, voller und Höchstbelastung oder eine achtstündige Zughakenleistungsprüfung sowie eine Zughakenhöchstleistungsprüfung zeigten.

Verglichen wurden der jeweilige Treibstoffverbrauch, Schmierölverbrauch und der Wasserverbrauch. Bei der Auswertung wurde dabei, streng korrekt versteht sich, immer die jeweilige Leistungsabgabe berücksichtigt, bevor Verbrauchswerte und Kostenwerte ermittelt wurden. Zusammenfassend wurde dann ermittelt, daß der Lanz-Bulldog insgesamt von allen beteiligten Schleppern am wirtschaftlichsten arbeitete und dabei eine hohe Zughakenleistung entwickelte. Der Anschaffungspreis war im Vergleich zu seinen Konkurrenten relativ niedrig. Dazu bot er durch seine Einfachheit eine Zuverlässigkeit, wie sie damals weder von den Benzintraktoren noch von den Petroleumtraktoren erreicht wurde. Selbst die Dieselmotoren hatten teilweise mit

Schwierigkeiten zu kämpfen. Lediglich beim reinen Kraftstoffverbrauch schnitten diese etwas günstiger ab als der Lanz-Glühkopfmotor. So kostete die 100-Zughaken-PS-Stunde bei Nennleistung 4,90 Mark beim Bulldog, dagegen 4,59 Mark (als Durchschnittswert) beim Dieselschlepper. Rechnete man aber den Schmierölverbrauch zum Treibstoff dazu, so kostete die 100-Zughaken-PS-Stunde beim Bulldog 6,55 Mark, beim Dieselschlepper dagegen 7,56 Mark.
Dieser Erfolg war sowohl für Dr. Huber als auch für die Firma Lanz eine Bestätigung ihres Konzepts und zeigte, daß sie auf dem richtigen Weg waren.
Weitere Schlepperprüfungen fanden 1930 und 1931 in Rumänien, Griechenland, in der Türkei und sogar in Südafrika statt. Und auch in diesen Ländern hielt sich der Bulldog immer an der Spitze.
Dies alles war für die Firma Lanz Grund genug, am 15. Oktober 1931 ein Rundschreiben mit nachstehendem Inhalt an alle Bulldog-Besitzer zu verteilen:
„Es steht heute außer irgend einem Zweifel, daß ein Schlepper mit Vergasermotor – ganz gleich, ob er Benzin, Benzol, Petroleum oder gar helles Gasöl verbrennt – auch nicht annähernd mit dem 15/30-PS-Bulldog (HR 5) konkurrieren kann. Ebenso zweifelsfrei ist es aber auch, daß der Schlepper mit Dieselmotor den Bulldog nicht erreicht... Unseres Erachtens ist der Dieselmotor für den Schlepperbetrieb zu empfindlich, da die hohen Drücke in Brennstoffpumpe und im Verbrennungsraum, die Empfindlichkeit der Brennstoffpumpe infolge ihrer Kleinheit, die Vielzahl der Ventile – Ein- und Auslaßventile – Schwierigkeiten verursachen können, die uns schon 1919 auf Grund der jahrzehntelangen Verbundenheit mit der Landwirtschaft, deren Bedienungs- und Arbeitsverhältnisse wir kennen, zum Bau des Bulldog veranlaßten, dessen Motor eine besondere Ausbildung zu hoher technischer Vollkommenheit erhalten hat.
Unsere Überzeugung von der einzigartigen Brauchbarkeit des Bulldogs hat immer wieder durch die Praxis ihre Bestätigung gefunden. Wir halten deshalb an unserem Bulldog fest und wissen, daß Sie, sein Besitzer, der Sie ihn im praktischen Betrieb kennengelernt haben, unsere Ansicht teilen."

Ein 22/38-Bulldog bei der Arbeit.
Quelle: Bernd Glessner.

Typenübersicht mit D-Nummern und PS-Angaben

soweit heute noch bekannt.

Typ / PS	D-Nummer	Modell	Art und Ausführung des Bulldogs
HR 5 15/30	D 6500	b	Acker-Bulldog mit Grundausrüstung bestehend aus: Eisenrädern, ungefederter Vorderachse, Muschelkotflügeln, Auspuff nach oben, Ackerdifferential, Getriebebremsen. RM 5350,-
HR 5 15/30	D 6530	b	Acker-Bulldog mit Grundausrüstung und elektrischer Anlage bestehend aus: 1 Scheinwerfer vorne, 2 seitlichen Positionslampen und Schlußlicht, Boschhorn, Anlaßzündung.
HR 5 15/30	D 6502	b	Acker-Bulldog mit Grundausrüstung und Zapfwelle.
HR 5 15/30	D 6504	b	Acker-Bulldog mit Grundausrüstung, elektrischer Anlage und Zapfwelle.
HR 5 15/30	D 6515	a	Verkehrs-Bulldog mit elektrischer Anlage bestehend aus: 2 Scheinwerfern vorne mit eingebautem Abblendlicht, Schlußlicht, Boschhorn, elektrischer Anlaßzündung, sowie Autokotflügeln mit Plattform, Auspuff nach unten, gefederter Vorderachse, Hochelastikrädern vorne einfach, hinten zwillingsbereift, Verkehrsdifferential, Getriebehandbremse, Fußtrommelbremse. Anbau von Eisenrädern nicht zulässig, Antrieb von der Riemenscheibe nicht möglich.
HR 5 15/30	D 6510	a	Verkehrs-Bulldog mit Muschelkotflügeln, gefederter Vorderachse, Auspuff nach oben, hochelastikbereift vorne einfach, hinten doppelt, Getriebehandbremse, Fußtrommelbremse.
HR 5 15/30	D 6540	a	Verkehrs-Bulldog mit Ausrüstung wie D 6510, dazu elektrische Anlage wie D 6515.
HR 5 38	D 6520	c	Verkehrs-Bulldog mit elektrischer Anlage bestehend aus: 2 Scheinwerfern vorne mit eingebautem Abblendlicht, Schlußlicht, Boschhorn, elektrischer Anlaßzündung sowie Autokotflügeln mit Plattform, Auspuff nach unten, gefederter Vorderachse, Hochelastikrädern vorne einfach (schwere Ausführung), hinten zwillingsbereift (schwere Ausführung), Verkehrsdifferential, Getriebehandbremse, Fußtrommelbremse. Anbau von Eisenrädern nicht zulässig, Antrieb von der Riemenscheibe nicht möglich. RM 7500,-
HR 5 38	D 6511	c	Verkehrs-Bulldog mit Muschelkotflügeln, gefederter Vorderachse, Auspuff nach oben, hochelastikbereift, vorne einfach (schwere Ausführung), hinten doppelt (schwere Ausführung), Getriebehandbremse, Fußtrommelbremse.
HR 5 38	D 6541	c	Verkehrs-Bulldog mit Ausrüstung wie D 6511, dazu elektrische Anlage wie D 6520.
HR 6 22/38	d 6506		Acker-Bulldog mit Grundausrüstung bestehend aus: Eisenrädern, vorne (schwere Ausführung), ungefederter Vorderachse, Muschelkotflügeln, Auspuff nach oben, Ackerdifferential, Getriebebremsen, Plattform auf der Rückseite. RM 6350,-
HR 6 22/38	D 6507		Acker-Bulldog mit Grundausrüstung und elektrischer Anlage bestehend aus: 1 Scheinwerfer vorne, 2 seitlichen Positionslampen und Schlußlicht, Boschhorn, Anlaßzündung.
HR 6 22/38	D 6508		Acker-Bulldog mit Grundausrüstung und Zapfwelle.
HR 6 22/38	D 6509		Acker-Bulldog mit Grundausrüstung, elektrischer Anlage und Zapfwelle.
HR 6 38	D 6550		Bulldog-Raupe (System Ritscher) mit folgender Ausrüstung: verstellbare Wagenanhängevorrichtung und pendelnde Ackeranhängevorrichtung, Auspuff nach oben, Ackerdifferential, 1 Getriebehandbremse, 2 Lenkbremsen.
HR 6 24/40		d	Acker-Bulldog in Teerölausführung, Grundausrüstung.
HR 6 24/40		d	Acker-Bulldog in Teerölausführung, Grundausrüstung und Zapfwelle.
HR 6 24/40		d	Acker-Bulldog in Teerölausführung, Grundausrüstung, Zapfwelle und elektrischer Ausrüstung.

Der kleine Kühler-Bulldog war eine technische Höchstleistung der beginnenden dreißiger Jahre, doch war er viel zu teuer.

Der kleine Kühler-Bulldog

Seit der Entwicklung des 10-Liter-Motors im Jahre 1925 war die Leistung von ursprünglich 22 PS bis auf nahezu 40 PS Anfang der dreißiger Jahre gesteigert worden. Damals war es das Ziel der Firma Lanz, den großen Gutsbetrieben, den Staatsdomänen und Pächtern solcher Betriebe antriebstechnische Lösungen bieten zu können. Da bei den kleineren Bauern in den schwierigen Nachkriegsjahren das Geld nur zum Lebensnotwendigen reichte, konnten diese keinen Gedanken an die Anschaffung eines neuen Traktors verschwenden. Doch die Zeit begann sich zu wandeln, den Bauern ging es langsam besser, wodurch der Bedarf nach kleineren landwirtschaftlichen Zugmaschinen zu steigen begann. Da aber die Leistung des Bulldogs auf die Bedürfnisse der großen Betriebe ausgerichtet war, war er für die Anforderungen der vielen kleineren Landwirte zu groß. Ein kleinerer Bulldog war gefragt.

Diese Entwicklung voraussehend hatte Dr. Huber schon um etwa 1928/1929 Berechnungen und Versuche anstellen lassen, um die Entwicklung eines neuen, kleineren Glühkopfmotors aufzunehmen. Dabei war man vom ursprünglichen 6-Liter-Motor abgekommen, der den 12er HL-Bulldog einst so erfolgreich gemacht hatte. Es wurden neue Abmessungen errechnet, Prototypen entwickelt und erprobt. Als günstig erwies sich eine Bohrung mit 170 mm Durchmesser und ein Hub von 210 mm. Dies ergab einen Hubraum von 4,764 Litern. Bei einer Drehzahl von 760 U/min gab der Motor 20 PS Dauerleistung ab. Der Motor hatte gegenüber dem Kühlerbulldog-Motor einige Veränderungen erfahren. So wurde beispielsweise das komplette Reglerschwungrad mit

Regler auf die linke Seite verlegt, ebenso der Lüfterantrieb. Da die Einspritzpumpe weiterhin auf der rechten Motorseite angebaut worden war, fehlte jetzt eine Verbindung vom Regler zur Einspritzpumpe, um den Pumpenstößel zu betätigen. Diese Aufgabe übernahm künftig die sogenannte „Daumenwelle“, eine Welle mit daumenförmigem Hebel, die von rechts nach links durch das Kurbelgehäuse geführt wurde. Die Kupplung, mit dem Kupplungsschwungrad und der Riemenscheibe, wurde auf der rechten Seite angebaut. Dadurch war beim Einsatz des Motors im stationären Betrieb der Auspuff nicht mehr im Wege, so daß dieser unmittelbar am Rumpf nach oben geführt werden konnte. Bei den bisherigen Bulldogs mußte der Abstand so groß gewählt werden, damit ein Antriebsriemen dazwischen durchgeführt werden konnte. Durch den geringeren Hubraum und die niederere Leistung des Motors, verglichen mit dem 10-Liter-Motor, entstand während des Betriebs im Verbrennungsraum weniger Verbrennungswärme, deshalb konnten auch der Kühlwasserinhalt und die Anzahl der Kühlelemente verringert werden. Es wurden auf der rechten Seite drei und auf der linken Seite zwei Kühlelemente angebaut. Den Platz des fehlenden dritten Kühlelements füllte der Lüfterrad-Lagerbock aus. Die Vorderseite des Kühlraums bildete das Steigrohr, das aus Guß hergestellt war. Das Steigrohr wurde auf der Vorderseite durch eine großflächige Blechplatte verschlossen, bei deren Entfernen ein Blick in die Kühlwasser-Innenräume ermöglicht wurde. Rechts und links davon war jeweils ein doppelt gebogenes Blech zum Schutz der Kühlelemente angebracht.

Etwa ab dem Jahre 1930 machte man sich in Mannheim daran, für diesen neuen Motor einen passenden Bulldog zu bauen. Als Vorbild diente der 15/30-Kühler-Bulldog, doch waren die Konstrukteure immer darauf bedacht, Verbesserungen einzubauen. So wurde der neue Bulldog nur noch mit einem Fußhebel als Kupplungspedal ausgerüstet. Ebenso wurde ein Fußgaspedal eingebaut. Alle bisherigen Bulldogs verfügten lediglich über einen Handgashebel. Auch das Pedal der Fußbremse ordnete man jetzt auf der rechten Seite an. Damit erfolgte die Bedienung der Kupplung durch den linken Fuß, die Bedienung der Fußbremse und des Fußgashebels aber durch den rechten Fuß, eine Anordnung, die heute zur größten Selbstverständlichkeit und zur allgemeinen Gewohnheit jedes Fahrzeugführers geworden ist.

Auch bei der neuen Bulldog-Entwicklung wurde die Leistung als Typenbezeichnung verwendet, die folgendes aussagte:

Nennleistung	12 PS
Dauerleistung	20 PS

Auf die Angabe der Spitzenleistung wurde verzichtet. Überhaupt war man seit den Vergleichstests in England dazu übergegangen, die Leistung landwirtschaftlicher Zugmaschinen als Zughaken-Leistung und Riemenscheiben-Leistung anzugeben, eine Bezeichnungsweise, die von amerikanischen Schleppern übernommen wurde. Auf den Bulldog übertragen, bedeutete dies:

Zughaken-Leistung	12 PS
Riemenscheiben-Leistung	20 PS

Als weitere Bezeichnung legte man „HN“ fest und da dieser Schlepper der erste HN-Schlepper war, hieß er fortan „12/20 PS HN, der kleine Kühler-Bulldog“.

Die Schmierung erfolgte auch bei diesem Bulldog über einen Ölapparat, den Bosch-Öler. Er war auf der linken Seite des Lenkrades eingebaut. Von hier wurden der Kolben, das rechte und linke Hauptlager sowie das Pleuellager über Kupferleitungen durch je eine Pumpe mit Öl

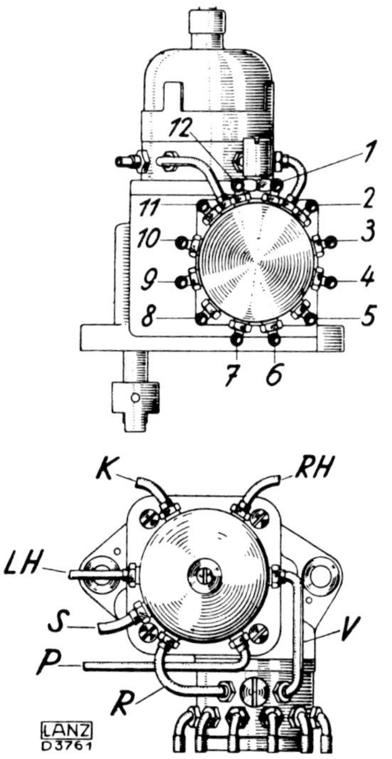

1 Zwischenrad
2 Zapfwelle (vord. Lager der Längswelle)
3 Kupplungsbüchse
4 Zapfwelle (hint. Lager der Längswelle)
5 Vorderachsstützbock
6 Zapfwelle (rechtes und linkes Lager der Querwelle)
7 Ventilator und Steuersäule
8 Exzenter
9 Oelpumpenantrieb
10 Stößel und Daumenwelle (rechtes und linkes Lager)
11 Kupplungsbüchse und Gleitstück
12 Getriebewelle I (rechtes und linkes Lager)
S Saugrohranschluß
K Kolben
LH Linkes Hauptlager
RH Rechtes Hauptlager
P Pleuellager
V Verteiler
R Rücklauf

Anschluß der Ölleitungen am Boschöler und Verteiler.

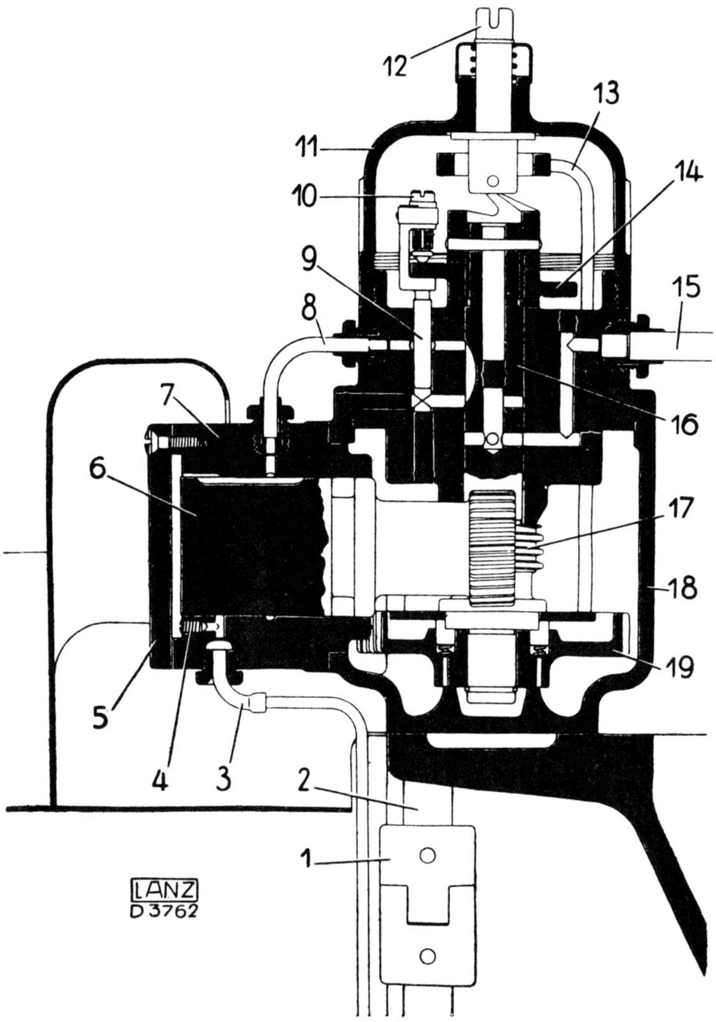

Schnitt durch den Bosch-Öler.

1. Klauenkupplung.
2. Welle für Antrieb.
3. Ölleitung zur Schmierstelle.
4. Verschlußschraube.
5. Deckel.
6. Verteilerwalze.
7. Verteilergehäuse.
8. Ölleitung zum Verteiler.
9. Pumpenkolben.
10. Schlitzschraube für Ölereinstellung.
11. Deckel.
12. Kuppelteil.
13. Ausrücker.
14. Hubscheibe.
15. Saugleitung.
16. Antriebsachse.
17. Verteiler-Antrieb.
18. Gehäuse.
19. Antriebsrad.

versorgt. Dies war notwendig, damit die entsprechende Ölmenge genau dosiert den Belastungen der einzelnen Lagerstellen angepaßt werden konnte. Eine weitere Pumpe förderte Öl an einen neben dem Bosch-Öler montierten Verteiler. Von hier aus ging das Öl an Schmierstellen des Fahrgestells und des Getriebes. Für das Zurückpumpen des im Kurbelgehäuse zusammengelaufenen Öls wurde erstmals eine Zahnradpumpe eingebaut. Gröbere Verschmutzungen, die sich in dem abgetropften Öl gesammelt hatten, wurden durch ein Filtersieb in der Kurbelkammer zurückgehalten. Feinste Schmutzteile filterte der Filtersack im Ölbehälter aus.
Trotzdem war es unerläßlich, bei der Auswahl des Öls auf Qualität und bei der Pflege der Schmierorgane auf absolute Sauberkeit zu achten. Hierzu steht in einer damaligen Betriebsanleitung zu lesen:
„Sorgfältige Schmierung ist von größter Wichtigkeit für gutes Arbeiten und lange Lebensdauer des Bulldog. Nur hochwertiges, rein mineralisches Motorenöl verwenden.

Flüssigkeitsgrad (Viskosität)
bei 50 Grad C =
12 bis 14 Grad Engler im Sommer
6 bis 8 Grad Engler im Winter
Flammpunkt etwa 200 Grad C

Diese Angaben allein lassen nicht erkennen, ob ein Schmieröl geeignet ist. Das Öl muß frei von Wasser, Säure und fremdartigen Beimengungen sein, darf keinen Bodensatz bilden, weder verharzen noch zu firnisartiger Schicht eintrocknen. Vor Einkauf lasse man sich von der Lieferfirma des Bulldog beraten, damit man eine im Bulldogbetrieb erprobte Ölmarke erhält. Schmieröl in sauberen Gefäßen mit Gewindeverschluß aufbewahren, vor Staub, Sand und Wasser schützen."
Ein rotierender Wellenstummel am Gehäusedeckel des Boschölers diente übrigens als Drehrichtungsanzeiger des Motors.

Die Luftfilter der 12/20er Bulldogs wurden von den 15/30er Bulldogs übernommen, da sie sich inzwischen gut bewährt hatten. Die Zapfwelle, auf Wunsch eingebaut, war erstmals vollkommen im Getriebegehäuse untergebracht. Nur das Wellenende trat auf der Getriebegehäuse-Rückseite nahezu in der Bulldogmitte aus dem Gehäuse aus.

Der Bulldog verfügte über zwei auf das Getriebe wirkende Bremsen: die Fußbremse und die Handbremse. Ebenso über eine Kupplungsbremse zum Abbremsen der Riemenscheibe.

Als erste Ausführung wurde ein eisenbereifter Dreirad-Bulldog angeboten, der als spezieller Hackfrucht-Schlepper gebaut war. Er war mit halbrunden Stehblechen ausgerüstet, die dem Fahrer Schutz vor den großen Treibrädern boten. Der Fahrraum war nach unten frei. Auf der Rückseite des rechten Achsschenkels war der Werkzeugkasten befestigt. Der Hackfrucht-Bulldog war der erste Schlepper dieser Art, der damals in Europa gebaut worden war. Als Vorbild diente ein von John Deere in Amerika gebauter Hackfrucht-Schlepper, der schon 1929 mit den verschiedensten Anbaugeräten bestückt werden konnte. Diese mit mechanischen Krafthebern ausgerüsteten Traktoren waren in Amerika sehr beliebt und konnten in großen Stückzahlen gebaut werden. In Europa konnten sich solche Schlepper zu der Zeit noch nicht durchsetzen, da der deutsche wie auch der europäische Landwirt eher eine Zugmaschine als ein Allzweckgerät suchten. Außerdem fehlten die nötigen Anbaugeräte und auch einheitliche Reihenabstände der Reihenkulturen. Es wurden deshalb nur einige Prototypen angefertigt, die Produktion dieser Ausführung gar nicht erst aufgenommen.

Als nächste Ausführung bot man den Ackerluft-Bulldog an. Er wurde, wie alle weiteren Bulldogs dieser Typenreihe, als Vierrad-Schlepper gebaut. Zur serienmäßigen Ausrüstung gehörten vorne und hinten luftbereifte Räder, ebenso eine gefederte Faustvorderachse.

Durch die serienmäßige Einführung der Luftbereifung im Bulldogbau war man dazu übergegangen, im Getriebe ein Vorgelege einzubauen. Dadurch standen über die bisherigen

Der Hackfrucht-Bulldog konnte sich zu Beginn der dreißiger Jahre in Deutschland noch nicht durchsetzen.

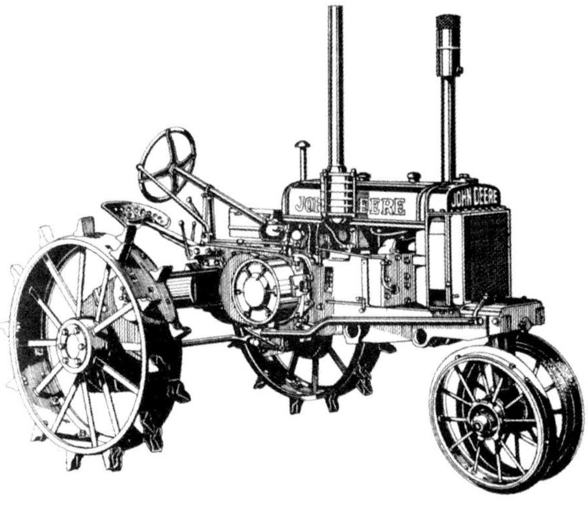

Er diente als Vorbild: Der John-Deere-Hackfruchtschlepper, Typ GP, gebaut von 1929 bis 1933.

drei Fahrgeschwindigkeiten für das Gelände weitere drei Fahrgeschwindigkeiten für die Straße zur Verfügung. Wurde nun der Bulldog als Ackerluft-Bulldog gekauft, so war er mit dem Sechsgang-Getriebe ausgerüstet. Über einen zweiten Schalthebel konnte das Vorgelege ausgeschaltet werden, wodurch dann die großen Geschwindigkeiten automatisch vorgewählt waren. Das eigentliche Schalten geschah weiterhin mit dem bisherigen Schalthebel. Nun war es möglich geworden, sowohl Acker- als auch Straßenfahrten zu bewältigen, ohne abzusteigen oder gar die Antriebsräder zu wechseln. Die Fahrgeschwindigkeiten der Ackerluft-Bulldogs wurden bei der oberen Motordrehzahl von 760 U/min wie folgt angegeben:

Der Hackfrucht-Bulldog von hinten.

Ackergruppe:		
1. Gang	=	2,9 km/h
2. Gang	=	4,1 km/h
3. Gang	=	5,6 km/h
Rückwärts	=	4,1 km/h
Straßengruppe:		
4. Gang	=	8,1 km/h
5. Gang	=	11,1 km/h
6. Gang	=	15,4 km/h
Rückwärts	=	11,1 km/h

Die Handbremse wirkte weiterhin auf das Getriebe. Bei der Fußbremse war man vom serienmäßigen Einbau der bisherigen Getriebebremse abgekommen und baute statt dessen Trommelbremsen ein. Sie waren an der Außenseite der Achstrichter montiert. Eine Lösung, wie sie seit dem Bau des 12-PS-HL-Verkehrs-Bulldogs für jede Verkehrsausführung angeboten, aber immer nur auf Wunsch eingebaut wurde.

Auf der Innenseite der Kühlelemente verfügte der Ackerluft-Bulldog über eine Jalousie, die vom Fahrersitz aus bequem bedient werden konnte. Sie ersetzte jene Abdeckbleche, die bisher außen auf die Kühlelemente aufgeschraubt werden mußten, um das Kühlwasser vor übermäßiger Abkühlung zu schützen, wenn der Motor bei unterer Leistungsabgabe nicht warm genug wurde. Über den Hinterrädern wurden neue, großflächige Muschelkotflügel angebaut, die den Fahrraum auf beiden Seiten abgrenzten. Auf der Rückseite war der Bulldog mit einer großen Plattform und einer über die ganze Bulldog-Breite reichenden Ackerschiene ausgestattet. Da die Konstrukteure anfänglich der Meinung waren, mit diesen beiden Vorrichtungen genügend Anhängemöglichkeiten geschaffen zu haben, wurde auf die Montage eines speziellen Anhängemauls verzichtet. Doch schnell erkannte man, daß gerade bei Transporten dieses unersetzbar war. Deshalb waren nur die allerersten Bulldogs ohne Anhängemaul zur Auslieferung gelangt.

Auf Wunsch wurde der Ackerluft-Bulldog mit einer elektrischen Anlaßzündung, einer elektrischen Beleuchtung sowie einer elektrischen Hupe ausgerüstet. War dem Kunden aber die billigere Karbidbeleuchtung oder das Lufthorn angenehm, so wurde er auch damit beliefert. Ebenso gab es auf Wunsch ein Allwetterverdeck. In zeitgemäßer Werbung wurde der Ackerluft-Bulldog als „kombinierter Bulldog für Acker und Strasse“ bezeichnet.

Die Luftbereifung, auf landwirtschaftlichen Schleppern montiert, stieß anfänglich bei der bäuerlichen Kundschaft auf sehr viel Skepsis.

LANZ

12/20 PS BULLDOG

15/30 PS BULLDOG

22/38 PS BULLDOG

BULLDOG

Der Ackerluft-Bulldog

Viele Bauern, die den Bulldog hauptsächlich auf dem Acker einsetzen wollten, konnten sich beim Kauf nicht für eine Luftbereifung entscheiden. Sie verglichen diese Bereifung mit den Elastikrädern, von denen sie wußten, daß sie im Gelände versagten. Deshalb bot Lanz weiterhin wahlweise Eisen- und Elastikbereifung an.
War nun der Bulldog mit der herkömmlichen Eisenbereifung ausgeliefert worden, so lautete die Bezeichnung dieser Ausführung weiterhin „Acker-Bulldog". Der Kaufpreis war niedriger, der Lieferumfang entsprechend geringer. So wurde auf den Einbau der Getriebezahnräder für die Straßengeschwindigkeit verzichtet, ebenso auf die gefederte Vorderachse. Bei der Fußbremse griff man auf die kostengünstigere Getriebebremse zurück, die Regulierung der Kühlwassertemperatur geschah wieder durch An- oder Abschrauben der Abdeckbleche, die neu entwickelte Jalousie kam nicht zum Einbau. Die Drehzahlregelung des Motors wurde nur über das Handgasgestänge vorgenommen. Die Fahrgeschwindigkeiten entsprachen denen der Ackergruppe beim Ackerluft-Bulldog.
Die Hinterräder der Acker-Bulldogs hatten einen Durchmesser von 1060 mm und eine Breite von

Der 12/20-Bulldog mit Elastik-Bereifung.

Der Acker-Bulldog

Der 12/20-Bulldog mit Autokotflügeln und Luftbereifung. Derselbe Typ konnte auch mit Hochelastik-Bereifung geliefert werden.

300 mm. Sie wurden mit Winkelgreifern oder mit Stollengreifern geliefert. Da bei einer Ausführung mit Winkelgreifern jeweils unterschiedliche rechte und linke Räder geliefert werden mußten, wurde die Fertigung sehr bald eingestellt. Zu den Hinterrädern gab es dann noch Radverbreiterungen, ebenfalls mit Stollengreifern bestückt, welche bei gleichem Durchmesser eine Breite von 150 mm hatten.

Als weitere Bulldog-Ausführung wurde der einfache Verkehrs-Bulldog angeboten. Er war mit dem Sechsgang-Getriebe und einer gefederten Faustvorderachse ausgerüstet. Zur weiteren serienmäßigen Ausrüstung zählt Elastikbereifung, vorne einfach und hinten zwillingsbereift, ebenso die Jalousie, das Fußgaspedal und Trommelbremsen an den Hinterrädern.

Als Sonderzubehör wurden eine elektrische Anlaßzündung, eine elektrische Beleuchtung, Signalhorn und ein Allwetterverdeck geliefert. Aber auch hier konnte auf die billigere Karbidbeleuchtung oder das Lufthorn zurückgegriffen werden.

Bei einer Lieferung mit Elastikrädern war es möglich, Dachgreifer für unbefestigte Böden und einen Sandkasten für den Winterbetrieb zu bestellen.

Für das Transportgewerbe im Nahbereich gab es die verbesserten Verkehrs-Ausführungen. Sie standen als 20-PS-Verkehrs-Bulldogs in zwei Versionen zur Verfügung. Hierzu stand in der damaligen Werbung folgendes zu lesen:

„Lanz-Verkehrs-Bulldog wird in zwei verschiedenen Ausrüstungen geliefert:

20-PS-Verkehrs-Bulldog mit Hochelastikrei-

Der extrem schmale 12/20-Hafenschlepper.

fen für den Transport schwerer Güter bei schwierigen Wegverhältnissen. Da dieser Bulldog in den Kreisen der Fuhrunternehmer als unverwüstlich gilt, ohne kostspielig zu sein, ist sein besonderes Anwendungsgebiet der rauhe, schwere Schlepperdienst für Steinbrüche, Ziegeleien, Baubetriebe usw.
Höchstgeschwindigkeit im 6. Gang: 16 km/Std.
20-PS-Verkehrs-Bulldog für Eildienst mit Luftreifen; sein bevorzugtes Anwendungsgebiet liegt dort, wo rasche Abwicklung der Transporte verlangt wird, im Stadtverkehr, bei guten Straßen; für Speditionen, Möbeltransporte, Brauereien, Kohlenhandel. Im geregelten Pendelverkehr erreicht der 20-PS-Verkehrs-Bulldog mit Luftreifen außerordentliche Leistungen.
Höchstgeschwindigkeit im 6. Gang: 23 km/Std."
Ausgerüstet waren diese Bulldogs mit breiten, über Vorder- und Hinterräder reichenden Kotflügeln, die durch Trittbretter verbunden waren. Dazu gab es nur gefederte Vorderachsen. Als Sitz konnte zwischen einem gepolsterten Einzelsitz oder einer Sitzbank gewählt werden. Auch der Auspuff wurde wahlweise nach oben oder unten geliefert. Dieser Bulldog wurde nur mit einer elektrischen Ausrüstung geliefert. Für die Erhöhung der Höchstgeschwindigkeit von 16 auf 23 km wurde die Motordrehzahl von 760 U/min auf 800 U/min gesteigert.
Einige dieser luftbereiften Bulldogs wurden schmaler als die Normalausführung angefertigt und vorwiegend in Häfen eingesetzt. Sie nannte man deshalb „Hafen-Schlepper".
Völlig neu im Angebot und erstmals für die Typenreihe der 12/20er Bulldogs geliefert wurden diverse Radgewichte, die vorne oder hinten an den Felgen angeschraubt werden konnten.
Alle Bulldogs der 12/20er Typenreihe wurden auf Wunsch mit einer Teeröleinrichtung geliefert, genau wie die Typenreihe der 15/30er Bulldogs. Dabei war es notwendig, diverse Teile wie etwa den kompletten Zylinderkopf oder das Steigrohr auszuwechseln.
Der „Auspuff nach oben" wurde in drei verschiedenen Arten geliefert:
Ackerauspuff, Verkehrsauspuff und Teerölauspuff. Beim „Auspuff nach unten" gab es nur eine Ausführung.
Bei verschiedenen Tests und Vergleichen mit anderen Schleppern hatten sich die 12/20er Bulldogs hervorragend bewährt, sie erfüllten alle Anforderungen zur vollsten Zufriedenheit. Ein Bulldog war über geraume Zeit als Versuchsschlepper auf dem Stadtgut Speyer eingesetzt.

Ein HN-Bulldog im Hamburger Hafen.

Auch mit ihm war man damals sehr zufrieden. Ganz anders sah es dagegen in der Kalkulation aus. Durch die aufwendige Bauweise wurde der Bulldog so teuer, daß er, trotz seiner hervorragenden Eigenschaften, wenig Nachfrage bei den Kunden erzielen konnte.

In der Geschäftsleitung des Hauses Lanz erwog man damals die Wiederaufnahme des 12-PS-HL-Bulldog, dessen Fertigung Ende der zwanziger Jahre eingestellt worden war. Dieser Bulldog hätte wohl weit billiger hergestellt werden können, aber einen technischen Rückschritt zur Folge gehabt. Es blieb damals bei der Erwägung und es wurde beschlossen, den HN-Bulldog wesentlich zu vereinfachen und somit zu verbilligen. Bis dies soweit war, wurde der 12/20er Bulldog HN weitergebaut. Die Fertigungs-Nummern werden von Nr. 100 001 bis Nr. 100 678 angegeben, also ganze 678 Bulldogs angefertigt, die dann in den genannten Ausführungen ausgeliefert wurden. Bei allen Bulldog-Ausführungen kamen ab Fertigungsnummer 100 001 bis Nummer 100 604 Faustvorderachsen zum Einbau, danach wurden nur noch Gabelvorderachsen geliefert.

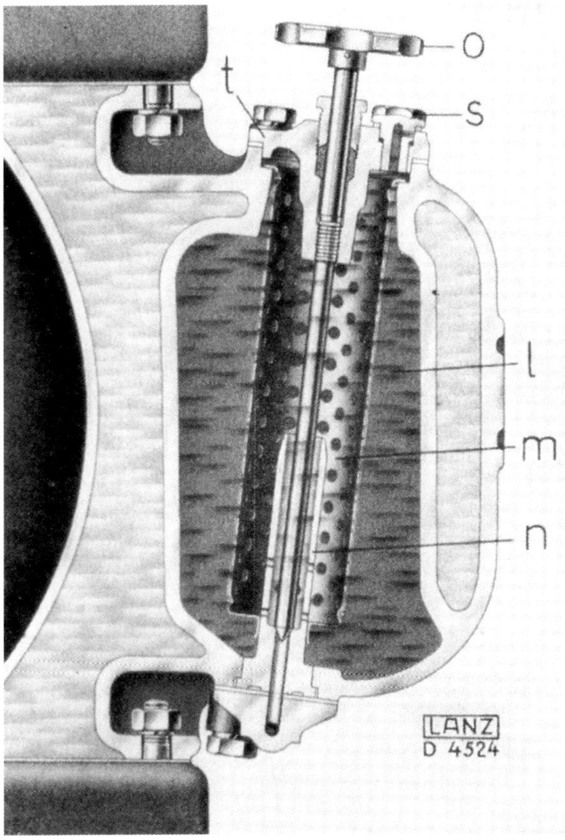

Der Vorwärmer im Schnitt.

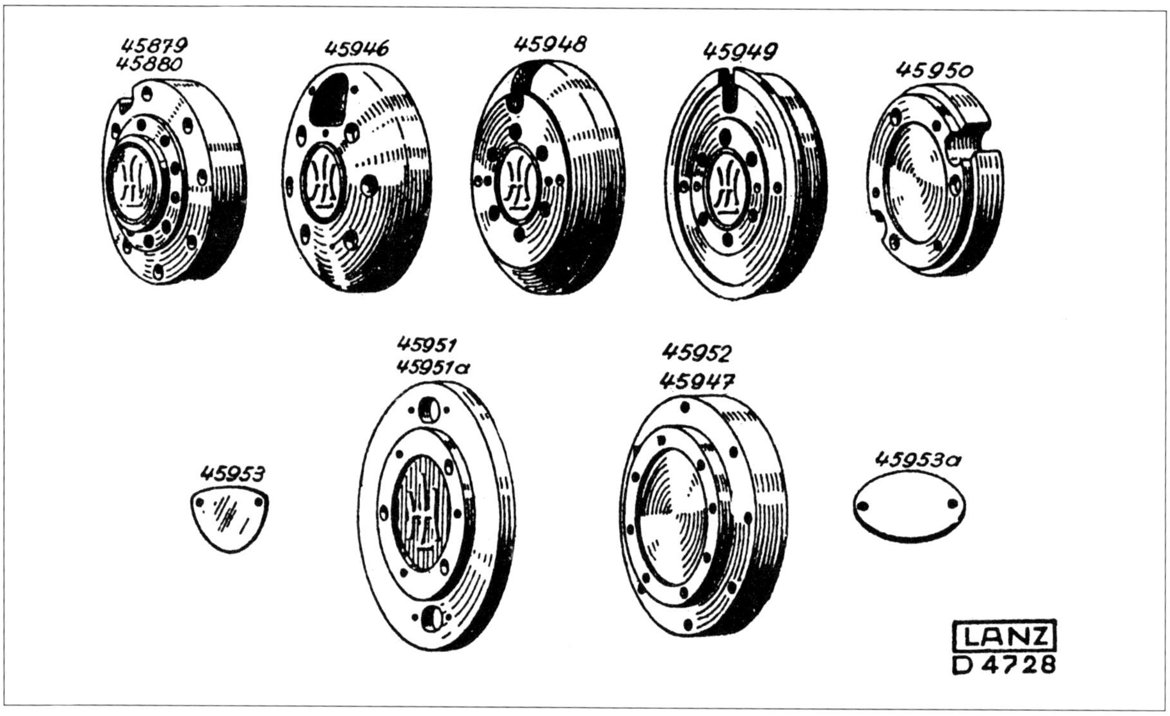

Erstmals für den 12/20-Bulldog gab es diverse Gewichte, die sich je nach Anwendung an die Räder schrauben ließen.

Der Erfolg der zwanziger Jahre bescherte dem 12er Bulldog zu Beginn der dreißiger Jahre fast eine Renaissance.

Der neue 12/20-PS-Lanz-Bulldog

Der Original-Pressebericht von Dr. Fritz Huber aus dem Jahre 1931

Die Maschinenfabrik Heinrich Lanz AG, Mannheim, hat einen neuen Kleinschlepper von umfassender Verwendbarkeit entwickelt. Schon beim Entwurf des bisherigen 15/30-PS-Bulldog ging die Firma Lanz mit Erfolg eigene Wege. Die Konstruktionsgrundlagen zeigten in der Hauptsache eine Abkehr vom automobilmäßigen Typus. Man hat erkannt, daß es nicht zuträglich ist, die feingliedrig gebaute Automobilmaschine für den derben, landwirtschaftlichen Schlepperbetrieb zu verwenden, sondern daß man hier besser mit robusteren Mitteln arbeiten muß, um dem Landwirt eine langlebige, unempfindliche und sparsame Maschine zu geben. Die heutige geschlossene Form des Bulldog ist das Resultat dieser Konstruktionsarbeiten. Man kann wohl sagen, daß diese Bauart heute bereits eine gewisse Standardform erreicht hat und daß sich also der organische Aufbau im großen ganzen kaum mehr verändern wird. Wir sehen den liegenden Einzylindermotor, auf welchem unmittelbar Kühler, Brennstoffbehälter und Luftreiniger angeordnet sind und an dessen Gehäuse sich nach hinten das Getriebegehäuse und die Hinterachse organisch anschließen.

Auch bei der neuen Schlepperkonstruktion finden sich diese Grundformen wieder. Das gibt dem Besitzer der älteren Maschine das angenehme Gefühl, nicht eine veraltete Maschine zu besitzen, die sich neben der neuen nicht mehr gut sehen lassen kann.

Dreschszene mit einem 12/20-Bulldog.

Aus der Unsumme der Erfahrungen, die im Werk dank seiner umfassenden Organisation gesammelt werden können, ergeben sich Richtlinien, die zur Verbesserung und Veredelung des Fahrzeuges dienen. Durch den Kundendienst ist in einem gewissen Grad jeder Besitzer in seiner steten Fühlung mit der Firma ein willkommener Mitarbeiter für die Weiterentwicklung der Maschine. Das große Ziel ist, sie immer unabhängiger von der Fachkenntnis des Fahrzeugführers zu gestalten und sie den verschiedenartigen Arbeiten bei wechselnder Jahreszeit und Wetter-

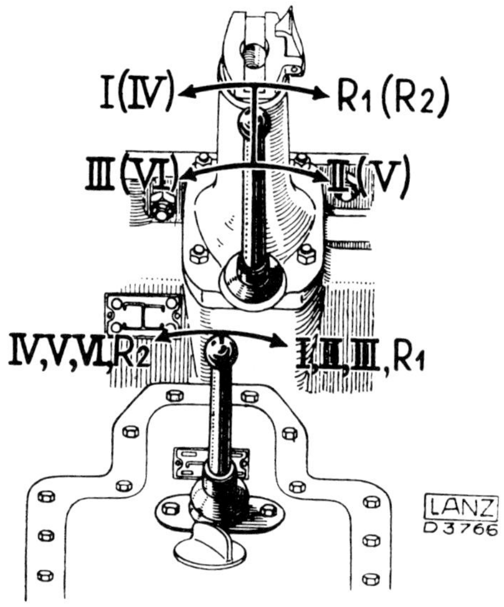

Schalthebelstellungen bei den verschiedenen Gängen.

lage und bei unterschiedlicher Bodenart voll ausnützbar zu machen. Besonders der kleine Schlepper soll dem mittleren und kleinen Landwirt in diesem Sinn ein eisernes Pferd sein. Nicht ein Behelf, mit dem wir die Klein-Schlepper von 10 bis 15 PS vergleichen können, sondern ein kräftiger Gaul, der nirgends versagt.

Der neue 12/20-PS-Lanz-Bulldog ist so gebaut, daß er bequem von einem Acker- in einen Verkehrs-Schlepper umgebaut werden kann. Zu diesem Zweck kann der Schlepper mit sechs Gängen geliefert werden. Dadurch hat er einerseits als Straßen-Schlepper gut verteilte Geschwindigkeiten, andererseits ergeben die drei niedrigen Gänge aber günstige Ackergeschwindigkeiten. Der Schlepper besitzt eine neuartige, von den Firmen Lanz und Bosch entwickelte Zentralschmierung, welche den Motor in der

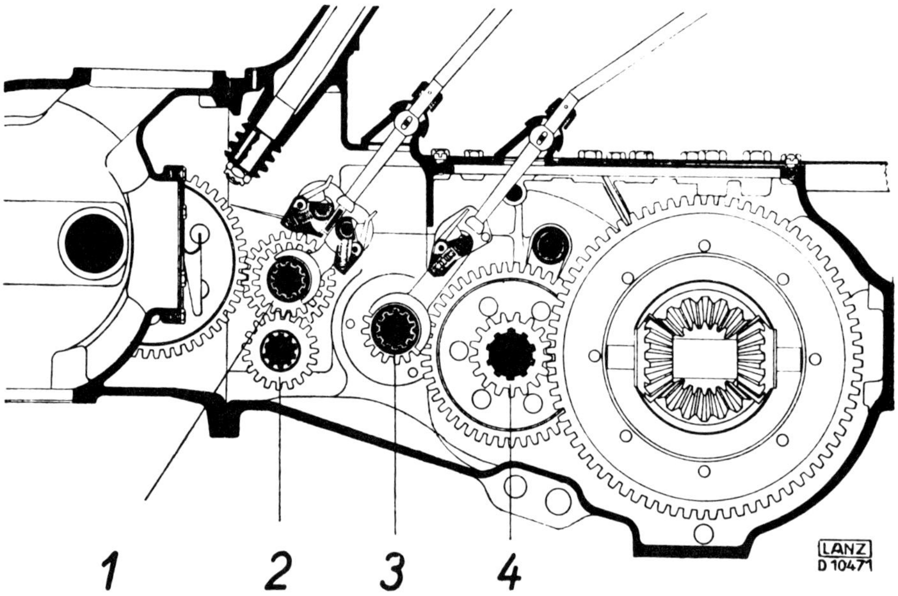

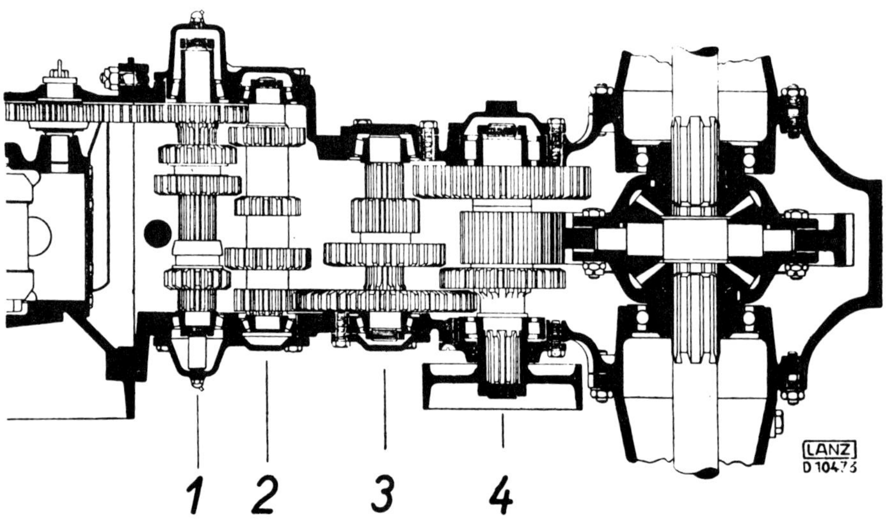

Das Sechsgang-Getriebe für den Ackerluft-Bulldog (vgl. S. 75).

beim Bulldog bisher bekannten Weise mit Umlaufschmierung versorgt, welche aber auch Schmierstellen des Getriebes und des Fahrgestells bei sparsamstem Ölverbrauch zwangsläufig selbsttätig schmiert.
Das Getriebe des Schleppers hat einige vorteilhafte Neuerungen erfahren. Zunächst ist es durch einen großen, oben aufliegenden und bequem zu entfernenden Deckel leicht zugänglich und in allen Teilen kontrollierbar. Man kann auch nach Wegnahme desselben die verschiedenen Wellen und selbst das Differentialgehäuse bequem herausnehmen, ohne sonst irgend etwas demontieren zu müssen. Auch die Achstrichter kann man leicht abnehmen, ohne eine sonstige Demontagearbeit am Getriebe vorzunehmen. Die Getrieberäder sind aus sorgfältig gewählten Werkstoffen hergestellt; sie sind in kräftigen Abmessungen gehalten und symmetrisch gebaut, so daß sie bei wirklich eintretender Abnützung ohne weiteres umgedreht werden können, wodurch sie praktisch eine doppelte Lebensdauer erreichen. Die Vorderachsstütze lagert in einem starken Kugelgelenk, welches durch eine Ledermanschette gegen Verschmutzung vollkommen gesichert ist. Die Vorderräder sind wie die Hinterräder bequem abnehmbar, ohne daß man die Lagerzapfen entfernen müßte. Es können, wie beim Automobil, die Räder in kürzester Zeit nur durch das Lösen weniger Schraubenmuttern abgenommen bzw. ausgewechselt werden. Es ist also möglich, den Schlepper rasch in ein Acker- oder Straßenfahrzeug zu verwandeln. Sämtliche Achsen, auch die Vorderräder, laufen auf Kugel- oder Rollenlagern. Gleitlager sind im ganzen Getriebe nicht vorhanden. Für die Ackerausrüstung wird die Maschine normalerweise mit dem Einheitsrad geliefert. Dasselbe ist für alle Arten von Greifern, Stollen-, Winkel- und Dachgreifer brauchbar, die aufgeschraubt und daher leicht auswechselbar sind. Von ausgezeichneter Wirkung für die Reinigung von Stollengreifer ist der Abstreifer, der bei Vor- und Rückwärtsgang der Maschine arbeitet und eine Sicherheitsvorrichtung besitzt, die ihn vor Verbiegen oder Brechen schützt, wenn sich ein grober Stein oder eine derbe Baumwurzel zwischen ihn und die Greifer klemmen sollte.

HN 2, der billigere Nachfolger

Die Fertigung der 12/20 PS starken HN-2-Bulldogs begann zu Anfang des Jahres 1933 und wurde bis etwa April/Mai 1935 durchgehalten, danach liefen schon die Nachfolger vom Band. Die Fertigungsnummern werden von 100.679 bis 101.272 angegeben, was bedeutet, daß auch von diesem verbilligten Bulldog nur ganze 594 Stück gebaut wurden. Und dies sind sogar 85 weniger als vom HN-Bulldog.
Der Grund dafür ist aber nicht in einer verminderten Qualität zu suchen, als vielmehr in dem noch weiter überarbeiteten und wiederum billigeren Nachfolger.
Betrachtet man nun das Äußere des HN-2-Bulldogs, so zeigt er sich schon auf den ersten Blick dermaßen unterschiedlich gegenüber seinem Vorgänger, daß einem unweigerlich der Gedanke aufgedrängt wird, es hier mit einem ganz anderen Typ zu tun zu haben.
War der Fahrraum des Vorgängers entsprechend dem 15/30-Bulldog seitlich durch aufwendig hergestellte Muschelkotflügel zu den Hinterrädern abgegrenzt und nach vorne bis zur Tankrückwand offen, so war dies jetzt ganz anders gelöst worden. Einfache und entsprechend billig zu fertigende Seitenbleche mit leichter Radiusandeutung über den Rädern trennten nun den Fahrraum nach rechts und links ab. Diese Seitenbleche waren, ausgenommen bei Bulldogs mit durchgehender Sitzbank, nach hinten so abgerundet, daß der Radiusmittelpunkt etwa dem der Hinterräder entsprach. Nach vorne fügten sich diese Seitenbleche harmonisch an die neuentwickelte Armaturenwand an, in der fortan der Drehrichtungsanzeiger und der Fußbremsschalter untergebracht waren. Auch das Lenkrad wurde durch die Armaturenwand geführt, weshalb der Lenkblock geändert worden war. Der teilweise freie und teilweise vom Luftfilter beanspruchte Raum zwischen Armaturenwand und Tank war fortan durch eine in der Außenform dem Tank angepaßte Motorhaube verdeckt, an dessen linker Seite ein langes Rohr die Ansaugluft heranführte, ehe sie den Luftfilter erreichte. In diesem Raum fand künftig auch die Anheizlampe ihren Platz.
Nach unten wurde der Fahrraum durch eine einfache und über die ganze Fläche reichende, sta-

bile Riffelblechplatte abgeschlossen. Dies war möglich geworden, nachdem auch das Getriebegehäuse vereinfacht und nach oben völlig eben ausgebildet wurde.
Beim Vorgänger waren immerhin noch zwei, wenn auch kleinere, dafür aber weitaus aufwendiger herzustellende Platten nötig.
Die ebene Fläche der Getriebeoberseite zwang zu einer niedrigeren Bauweise des Getriebegehäuses, was durch das Entfernen der Zapfwelle aus dem Getriebe erreicht wurde. Daß dadurch die Fertigungskosten erheblich gesenkt werden konnten, muß wohl nicht extra erwähnt werden. Die Zapfwelle selbst wurde wieder, wie beim Groß-Bulldog oder Kühler-Bulldog, als separates Anbauteil auf Wunsch und gegen Aufpreis geliefert. Bei einer Montage am Bulldog wurde sie auf der rechten Getriebeseite zwischen Hinterachstrichter und Bodenplatte nach hinten geführt. Diese Lösung bedeutete allerdings einen technischen Rückschritt und ärgerte so manchen Bauern während der Arbeit beim Durchfahren enger Kurven oder beim Wenden.
Auch auf der Vorderseite des Bulldogs gab es deutlich sichtbare Abänderungen wie etwa beim Steigrohr.
Wurde bisher die Steigrohr-Vorderseite durch eine mit vielen Schrauben gehaltene Blechplatte verschlossen, um jederzeit den Kühlwasserraum überprüfen zu können, so war das neue Steigrohr aus einem einzigen Gußstück hergestellt. Immerhin hatte die Praxis gezeigt, daß es gar nicht notwendig war, den Kühlwasserraum öfters zu überprüfen, und dazu erschwerten Kalkablagerungen auch noch oft das Abdichten der Platte. Das neue Guß-Steigrohr konnte weitaus kostengünstiger hergestellt werden und gab dem Bulldog dazu ein modernes und formschönes Aussehen.
Auch der Wasserkasten, der Zylinder, überhaupt viele Fahrgestell- und Motorenteile wurden abgeändert und fertigungsgünstiger konstruiert und gestaltet. Da aber die Änderungen bei diesen Teilen das äußere Erscheinungsbild des neuen HN-2-Bulldog nicht veränderten, soll auch nicht weiter darauf eingegangen werden. Einzige Ausnahme sei der Bosch-Öler. Er wurde von seinem bisherigen Platz ganz entfernt und zwischen dem linken Schwungrad und dem Kurbelgehäuse, direkt unter der Kurbelwelle plaziert. Der Antrieb erfolgte über einen Schneckentrieb, direkt von der Kurbelwelle. Die Schmierstellen beschränkten sich auf Pleuellager, rechtes und linkes Hauptlager sowie den Kolben und den Kolbenbolzen. Auf den weiteren Förderkolben im Bosch-Öler, der beim HN über einen Verteiler alle notwendigen Motoren- und Getriebeteile mit Öl versorgt hatte, war verzichtet worden. Dafür wurde der „Dochtöler" eingebaut. Der Vorratsbehälter wurde im Wasserkasten auf der Tankseite untergebracht. Von der Unterseite dieses Behälters zogen sich mehrere etwa 4 mm dicke mit Dochtschnüren durchzogene Kupferleitungen an die jeweiligen Schmierstellen. Der Fahrer war angehalten, vor jeder Inbetriebsetzung des Bulldogs den Ölstand zu kontrollieren und, wenn nötig, nachzufüllen. Dabei gewährleistete der Docht eine gleichmäßige, tropfenartige Schmierung der Lagerstelle. Damit auch an kalten Tagen das zähflüssige Öl schmierfähig wurde, plazierten die Konstrukteure den Ölbehälter in den Wasserkasten. Hier konnte das vom Zylinder erwärmte Wasser hochsteigen und das Öl im Vorratsbehälter mit erwärmen.
Das nach längeren Standpausen erforderliche Vorpumpen des Bosch-Ölers erfolgte nun über eine Handkurbel. Dazu war die Verschlußschraube am Zylinderkopf zu entfernen und die Kurbelwelle so zu stellen, daß der Keil waagrecht nach hinten zeigte. Nun war der kleinere, unter der Kurbelwelle angebrachte Deckel nach der Seite wegzuschwenken. Durch das freigewordene Loch konnte jetzt die Kurbel auf den Bosch-Öler aufgesteckt werden, wodurch beim Drehen und gleichzeitigen Drücken Öl gefördert wurde. Das vorherige Richtigstellen der Kurbelwelle war deshalb wichtig, damit das Öl auch den Kolbenbolzen erreichen konnte.
Die angebotenen Ausführungen entsprachen denen des Vorgängers. So wurde ein etwas billigerer Dreigang-Acker-Bulldog mit Getriebebremsen und Eisenbereifung angeboten. Weiter stand der mit Sechsganggetriebe und Trommelbremsen ausgerüstete Bulldog als Ackerluft-Ausführung oder als hochelastikbereifter Schlepper zur Verfügung.
Für das Transportgewerbe gab es den mit durchgehenden Kotflügeln und Trittbrettern ausgerüsteten und mit einer größeren Endgeschwindigkeit versehenen Eil-Schlepper wie auch den Hafenschlepper zur Auswahl. Alle Ausführungen wurden darüber hinaus auf Wunsch als Modell „D" mit einer Teeröleinrichtung geliefert.

Typenübersicht mit D-Nummern und PS-Angaben

soweit heute noch bekannt

Typ / PS	D-Nummer	Modell	Art und Ausführung des Bulldogs	Preis Mai 1932 RM
HN 12/20	D 7500		Acker-Bulldog mit Grundausrüstung bestehend aus: Eisenrädern, ungefederter Vorderachse, Muschelkotflügeln, Auspuff nach oben, Plattform und Anhängeschiene mit verstellbarem Anhängebügel und gefederten Zughaken, zwei Getriebebremsen.	4350,–
HN 12/20	D 7501		Acker-Bulldog mit Grundausrüstung und elektrischer Ausrüstung bestehend aus: 2 Scheinwerfern vorne mit Abblendlicht, Schlußlicht, Boschhorn und Anlaßzündung.	4900,–
HN 12/20	D 7502		Acker-Bulldog mit Grundausrüstung und Zapfwelle.	4600,–
HN 12/20	D 7503		Acker-Bulldog mit Grundausrüstung, elektrischer Ausrüstung und Zapfwelle.	5150,–
HN 12/20	D 7505		Verkehrs-Bulldog mit Grundausrüstung bestehend aus: Sechsganggetriebe, gefederter Vorderachse, Hochelastikbereifung vorne einfach, hinten doppelt, Muschelkotflügeln, Auspuff wahlweise oben oder unten, Plattform mit Anhängeschiene und Wagenanhängevorrichtung, einer Getriebehandbremse, einer Trommelfußbremse.	5350,–
HN 12/20	D 7506		Verkehrs-Bulldog wie D 7505 mit elektrischer Anlage wie D 7501.	5900,–
HN 12/20	D 7507		Verkehrs-Bulldog wie D 7505, mit Zapfwelle.	5600,–
HN 12/20	D 7508		Verkehrs-Bulldog wie D 7505, mit elektrischer Anlage und Zapfwelle.	6150,–
HN 12/20	D 7510		Verkehrs-Bulldog mit Autokotflügeln und Plattform, Auspuff nach unten, gefederter Vorderachse, Hochelastikbereifung vorne einfach, hinten doppelt, eine Getriebehandbremse, eine Trommelfußbremse, dazu elektrische Ausrüstung. Luftbereifung auf Wunsch. Anbau von Eisenrädern nicht zulässig. Antrieb von der Riemenscheibe nicht möglich.	5900,–
HN 12/20	D 7511		Verkehrs-Bulldog wie D 7510, jedoch Luftbereifung vorne und hinten, dazu Höchstgeschwindigkeit 23 km/h, Anbau von Elastikbereifung nicht zulässig.	6290,–
HN 12/20		d	Alle genannten Ausführungen können auch mit einer Teerölausrüstung geliefert werden.	

Ein unrestaurierter 25-PS-Verkehrs-Bulldog. Foto: Riesinger

Moderne Produktion und Rohstoffmangel machen den Bulldog noch billiger

Der Schwerpunkt der weiteren Entwicklung lag jetzt mehr bei der Großserienfertigung, denn inzwischen war die Zeit der Weltwirtschaftskrise und deren Folgen weitgehend überwunden. Dem kleinen Mann, dem Arbeiter und Bauern ging es bei weitem besser als noch vor wenigen Jahren. Deutschland war in einem wirtschaftlichen Aufschwung und die Zahl der Arbeitslosen nahm ab. Die Bauern hatten Geld, denn sie konnten ihre Produkte wieder verkaufen, die Schwarzmarktzeiten waren vorbei. Damit war natürlich auch Geld vorhanden, um einen neuen Schlepper oder Bulldog anzuschaffen, worauf viele bis dahin noch verzichten mußten.

Bei Lanz war man jetzt voll für diese Entwicklung gerüstet. Immerhin war seit dem Beginn der HN-Serie nahezu ein halbes Jahrzehnt vergangen, wovon die letzten zwei Jahre voll für den Aufbau einer kostengünstigen und wirtschaftlichen Produktion des HN-Bulldogs genützt worden waren. Entscheidend für die Verbilligung der Bulldogs war auch die Anfang der dreißiger Jahre beginnende Verknappung der Rohstoffe. Dazu kam noch die Proklamation des Endes der Rohstoff-Freiheit im Vierteljahresplan der nationalsozialistischen Regierung. So entstand der Zwang, kostbare und bei der Bulldogfertigung wichtige Rohstoffe und Materialien zu ersetzen. Verboten waren vor allem Kupfer-, Zinn- und Nickellegie-

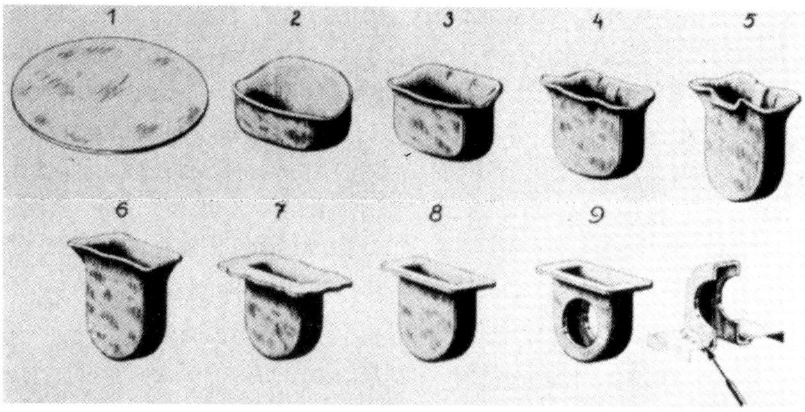

Zur Herstellung der Anschlußstücke für Kühlerelemente genügte inzwischen eine Blechplatte aus Stahlblech. Vor 1935 wurde an dieser Stelle ein massiver Messingblock verwendet.

Das Dreigang-Getriebe für den Acker-Bulldog.

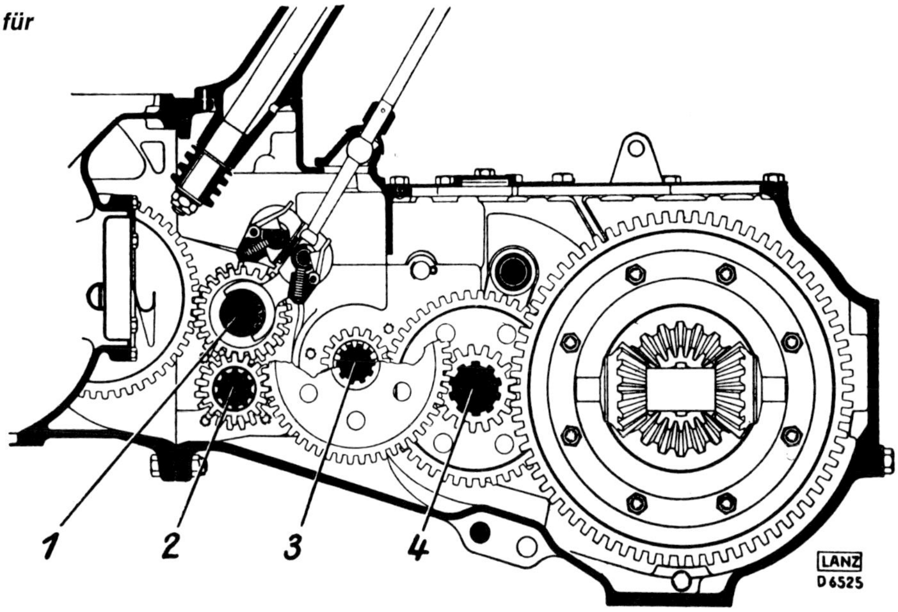

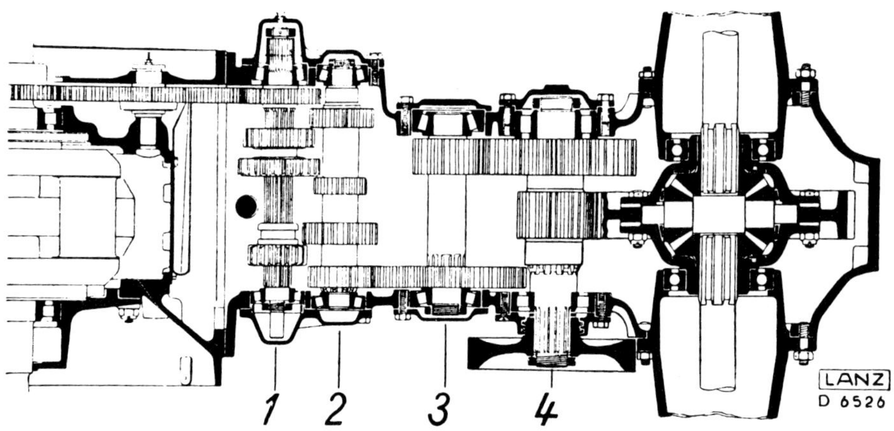

rungen. Hier war allerdings Nickel am ehesten zu ersetzen, denn schon seit 1931 waren Versuche im Gange, die teuren Chrom-Nickel-Stähle durch Chrom-Molybdän-Stähle zu ersetzen, woraus Zahnräder, Wellen, Achsen und vieles mehr hergestellt wurde. Somit verfügten die Konstrukteure über ausreichende Erfahrungen, so daß beim Inkrafttreten der Einschränkung die Produktion ungehindert weitergehen konnte.

Sehr viel schwieriger gestaltete sich der Ersatz von Zinn, der Werkstoff, der in großen Mengen im Pleuellager Verwendung fand. Hier waren bis 1935 Rotguß-Stützschalen zum Einbau gekommen, die mit einer Zinn-Lagermetall-Legierung mit etwa 80% Zinn-Anteil ausgegossen waren. Zunächst versuchte man es mit Stahlstützschalen und dünnen Bleibronze-Einsätzen, doch die Lebensdauer war nicht sonderlich groß. Erst bei der Verwendung von Aluminium-Legierungen stellte sich der Erfolg ein. Hier mußte allerdings das Lagerspiel etwas vergrößert und die Dosis der Schmierung leicht erhöht werden, was mit der Erwärmung und Dehnung der Metalle zusammenhing.

Andere Lagerschalen und Büchsen, die bisher aus Bronze oder Rotguß hergestellt worden waren, wurden nun aus feinbearbeitetem Perlitguß oder Preßstoff ersetzt. Weitere Teile wie Ölleitungen und Kühlermuttern, bisher aus Kupfer und Messing hergestellt, wurden nun aus Grauguß und Stahl gefertigt. So war es schließlich gelungen, den Kupfer- und Zinnverbrauch von 1935 bis 1939 von etwa 24 kg auf 4 kg je Bulldog zu reduzieren. Auch ermöglichte die qualitative Verbesserung von Grauguß dünnere Wandstärken und durch weiterentwickelte Schweißtechniken konnten gewichtige Gußteile durch dünnwandige Stahlteile ersetzt werden, wodurch ebenfalls etliche Kilo Material eingespart werden konnten.

Ein Ackerluft-Bulldog mit Eisenbereifung.

Als Grundlage für diese neuen Fertigungstechniken diente zunächst der erst vor kurzem entwickelte HN-2-Bulldog: Er wurde nahezu unverändert, doch mit entsprechend weniger Buntmetall weitergebaut. Natürlich bezieht sich diese Aussage nur auf den äußeren Aufbau, denn daß die Bulldogs einer ständigen, dem Fortschritt dienenden Weiterentwicklung unterworfen waren, ist wohl selbstverständlich.

Die Bezeichnung wie auch die PS-Angabe war geändert worden, die D-Nummern blieben jedoch dieselben. Die neue Bezeichnung lautete HN 3, die Leistung wurde künftig mit 20 PS normaler Dauerleistung angegeben. Dabei war der Motor mit einer Zylinderbohrung von 170 mm, einem Hub von 210 mm und einer Drehzahl von 760 Umdrehungen pro Minute unverändert beibehalten worden.

Mit Ackerluft-Bereifung erreicht der Bulldog folgende Geschwindigkeiten:

1. Gang	=	2,9 km/h
2. Gang	=	3,9 km/h
3. Gang	=	5,5 km/h
Rückwärts	=	3,9 km/h
4. Gang	=	8,0 km/h
5. Gang	=	11,0 km/h
6. Gang	=	15,2 km/h
Rückwärts	=	11,0 km/h

Die Fertigung der 20-PS-HN-3-Bulldogs begann noch in den ersten Monaten des Jahres 1935 und wurde, sieht man von der Unterbrechung durch den Krieg ab, bis 1952 durchgehalten. Allerdings gab es Ende 1935, Anfang 1936 ebenfalls eine Änderung der Bezeichnung und der PS-Angabe. Deshalb seien hier nur die Bulldogs beschrieben, die bis zu dieser Änderung ausgeliefert wurden. Die Fertigungsnummern werden angegeben von 110.001 bis 112.000, was bedeutet, daß in diesem Jahr 2000 Bulldogs der HN-3-Serie gebaut worden waren.

Wie erwähnt bildete die Grundlage der bisherige HN-2-Bulldog. Mit ihm war ein idealer Universalschlepper geschaffen worden, der ausgerüstet mit Sechsganggetriebe und Luftbereifung gleichermaßen gut für Transportzwecke als auch für Arbeiten im Gelände einzusetzen war. Es konnten davon 410 Stück verkauft werden.

25 PS
ACKERLUFT BULLDOG
MIT 6 GÄNGEN

D 7506

25 PS LANZ ACKERLUFT-BULLDOG
zum Einsatz auf Acker und Straße

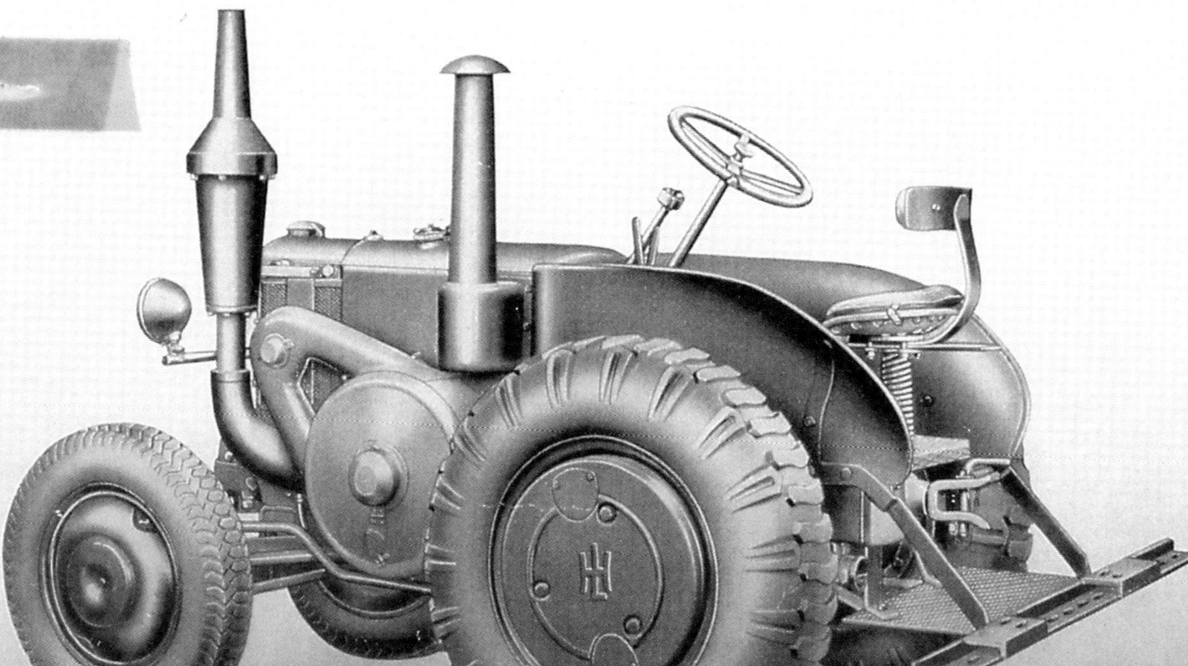

D 7506

HEINRICH **LANZ** MANNHEIM
AKTIENGESELLSCHAFT

Der neue Lanz-Bauern-Bulldog

D 7500

D 7500

ACKER-
BULLDOC

20 PS

Betriebssicher
Wirtschaftlich

PD 2437/III

Der 35-PS-Kombi-Bulldog.

Daneben war ein reiner Acker-Bulldog entwikkelt worden, der zu einem noch günstigeren Preis erworben werden konnte. Der Aufbau war denkbar einfach: Motor mit Kühleraufbau und Tank, dazu das billigere Dreiganggetriebe und Eisenbereifung.
Hier wurden folgende Geschwindigkeiten erreicht:

1. Gang	= 3,0 km/h
2. Gang	= 4,1 km/h
3. Gang	= 5,7 km/h
Rückwärts	= 4,1 km/h

Der Fahrraum war rechts und links neben dem Getriebegehäuse nach unten völlig frei und zu den Treibrädern lediglich durch stehende, nach oben abgerundete Bleche begrenzt. Fußgas und Fußbremse gab es nicht, sondern nur eine auf das Getriebe wirkende Handbremse und die Kupplungsbremse. Der Luftfilter saß direkt über den Luftklappen in einem Rohr, das fast so weit nach oben ragte wie der Auspuff. Auf der Rückseite des Bulldogs war eine einfache Mehrzweck-Anhängevorrichtung angebracht, die die Ackerschiene und auch das gefederte Anhängemaul ersetzte.
Diese einfache Bauweise brachte natürlich mit sich, daß an dem Bulldog kaum etwas kaputt gehen konnte. Er erfreute sich deshalb solcher Beliebtheit unter den Bauern, daß allein von den genannten 2000 verkauften Bulldogs 1468 Stück in dieser einfachen und billigeren Bauweise geliefert wurden.
Bedauerlicherweise findet man heute in der Bundesrepublik Deutschland gerade noch eine Handvoll dieser Bulldogs im Originalzustand, die Restlichen waren in späteren Jahren meist umgebaut oder verschrottet worden.
Einige wenige, nämlich genau 45 Stück der 2000 Bulldogs wurden als sogenannte „Kombinationsschlepper zum wechselseitigen Einsatz für Zug und Antrieb" ausgeliefert. Sie wurden auch als Modell L bezeichnet. Durch Einhängen des Kupplungspedals wurde ein völliger Leerlauf der Riemenscheibe erreicht. In Art und Aufbau ent-

sprachen diese Bulldogs ebenfalls der HN-2-Ausführung. Doch war eine Lieferung mit Hochelastikbereifung (vorne einfach, hinten doppelt) oder mit Luftbereifung möglich.
Folgende Geschwindigkeiten wurden erreicht:

	Elastikbereifung 1060 x 150 oder Luftbereifung 40" x 8"	Luftbereifung 42" x 9"
1. Gang	= 3, km/h	3,2 km/h
2. Gang	= 4,0 km/h	4,2 km/h
3. Gang	= 5,9 km/h	5,9 km/h
Rückwärts	= 4,0 km/h	4,2 km/h
4. Gang	= 7,9 km/h	8,4 km/h
5. Gang	= 10,9 km/h	11,6 km/h
6. Gang	= 15,1 km/h	16,0 km/h
Rückwärts	= 10,9 km/h	11,6 km/h

Weiter verfügten diese Bulldogs über eine elektrische Ausrüstung, Fabrikat Bosch, bestehend aus:
Lichtmaschine, Stahlbatterie, zwei Scheinwerfer vorne mit Fernlicht, Abblendlicht und Standlicht, Schlußlampe mit Bremslicht, Boschhorn und einer Anlaßzündung.
Mancherorts nannte man diese Bulldogs auch Dreschbulldogs.

Die Fertigungsnummern werden wie folgt angegeben:

110.481 - 110.490
110.604 - 110.618
110.727 - 110.736
110.817 - 110.826

Ganze zwei Bulldogs mit den Fertigungsnummern 110.625 und 110.626 wurden als "Verkehrs-Bulldogs" ausgeliefert. Sie waren ausgerüstet mit Autokotflügeln und einer Plattform (Trittbretter), einer gefederten Vorderachse, Auspuff nach unten sowie Luftbereifung, wahlweise 42" x 9" oder 40" x 8". Die dabei erreichten Geschwindigkeiten entsprachen denen der Kombi-Bulldogs. Ebenfalls zählte eine umfangreiche elektrische Ausrüstung zur Grundausrüstung der Bulldogs, wobei noch Richtungsanzeiger, sogenannte Winker, den üblichen Lieferumfang erweiterten. Für die Bequemlichkeit des Fahrers sorgte eine breite Sitzbank, auf der bei Bedarf auch der Beifahrer Platz fand. Dieser Gesamtaufbau vermittelte dem Bulldog eine langgestreckte, niedrige Form und damit ein elegantes Aussehen.

HR 5
SOMMER
1929

LANZ
KÜHLERBULLDOG

D 1566

Das obere Bild zeigt einen 15/30-Kühler-Bulldog mit Verdeck und Eisenbereifung, einst eine Exportausführung für Frankreich aus dem Jahre 1931.
Foto: Kurt Häfner

Unten der sauber restaurierte 22/38-Acker-Bulldog mit Stufenregler aus dem Jahre 1930 von Manfred Krause.
Foto: Manfred Krause

Rechts:
Aus der Sammlung der John-Deere-Werke Mannheim stammt dieser 15/30-Kühler-Verkehrsbulldog mit Muschelkotflügeln und Elastikbereifung.
Foto: Kurt Häfner

Unten:
Dieser 22/38-Kühler-Verkehrsbulldog aus dem Jahr 1930 ist mit Automobilkotflügeln, einer Sitzbank und dem Stufenregler ausgerüstet. Dazu wurde er mit Luftbereifung ausgeliefert. Er gehört zur Sammlung von Edwin Herter. Foto: Klaus Kaluza

Gute Gründe

sprechen für

Bau und Anschaffung des einfachen, praktischen, anspruchslosen und daher wirtschaftlichen LANZ-

BULLDOG

HEINRICH LANZ MANNHEIM
AKTIENGESELLSCHAFT

PD 1972/I

LANZ

2/20 PS kombinierter Bulldog

für Acker
u. Strasse

m landwirtschaftlichen Betrieb

2210 I

Einer der wenigen heute noch erhaltenen 47 PS starken Teeröl-Bulldogs ist auf dem oberen Bild zu sehen. Er stammt aus dem Jahre 1936. Foto: Dieter Resinger

Unten ein Schnitt durch den Lanz-Bulldog.

Oben:
20 PS hat dieser original rote und damit äußerst seltene Lanz-Bulldog aus dem Jahre 1941. Rolf Schneider, erster Vorsitzender der Veteranenfreunde Ottmarsheim, konnte ihn 1988 erwerben.
Foto: Kurt Häfner

Sauber restauriert: Der 20-PS-Bulldog Baujahr 1940 von Alexander Danner. *Foto: Werner Danner*

Ernte alter Art in Haseldorf bei Hamburg. Heinz Wilke zieht mit seinem 25 PS starken Bulldog Baujahr 1945 einen Lanz-Zapfwellenbinder LKB 55/5 aus dem Jahr 1954.
Foto: Heinz Wilke

Unten:
Oldtimer- und Schleppertreffen in Neuseeland. Auch hier steht der Bulldog aus Mannheim im Vordergrund. Zu sehen ist ein Exportmodell mit 40 PS, das Baujahr wurde nicht angegeben.
Foto: Royce Rathgen

Der neue 20 PS Eil-Bulldog
für schnelle Beförderung
mittlerer Lasten
EIL-
BULLDOG
MIT 6 GÄNGEN
20 PS
D 7531
D 7531
Betriebssicher
Wirtschaftlich
HEINRICH LANZ MANNHEIM
AKTIENGESELLSCHAFT
PD 2436/II

Der Verkehrs-Bulldog war weniger für landwirtschaftliche Zugarbeiten im Gelände als vielmehr für Transportarbeiten im Nahbereich und für Antriebsarbeiten über die Riemenscheibe sowie als Ergänzung des Kombi-Bulldog gedacht.
Die letzte und auch teuerste Bulldogausführung dieser Baureihe war der „Eil-Bulldog für schnelle Beförderung mittlerer Lasten". Von ihm fanden 75 Stück einen Käufer. Aufbau wie auch Ausrüstung und Lieferumfang waren identisch mit dem der Verkehrs-Bulldogs, doch kamen anderszähnige Zahnräder im Getriebe zum Einbau. Dadurch wurden folgende Fahrgeschwindigkeiten erreicht:

	Luftbereifung 42" x 9"	40" x 8"
1. Gang	3,1 km/h	2,9 km/h
2. Gang	4,7 km/h	4,4 km/h
3. Gang	6,5 km/h	6,2 km/h
Rückwärts	4,2 km/h	4,0 km/h
4. Gang	9,5 km/h	9,0 km/h
5. Gang	14,5 km/h	13,8 km/h
6. Gang	20,0 km/h	19,0 km/h
Rückwärts	13,1 km/h	12,3 km/h

Weiter fehlte im Lieferumfang die Riemenscheibe, die jedoch auf besonderen Wunsch mitgeliefert werden konnte.

Typenübersicht mit D-Nummern und PS-Angaben

soweit heute noch bekannt

Typ / PS	D-Nummer	Modell	Art und Ausführung des Bulldogs	Preise Mai 1936
				RM
HN 3 20 PS	D 7500		Acker-Bulldog in Einfachausführung bestehend aus: Drei-Gang-Getriebe, Handgas, Handbremse, Stehblechen als Schutz vor den Treibrädern, Eisenrädern vorne und hinten, Auspuff nach oben. Sonderwunsch: Luftbereifung, Mähwerk, Zapfwelle.	3650,–
HN 3 20 PS	D 7501		Acker-Bulldog in Einfachausführung, Anlaßzündung, elektrische Lichtanlage.	
HN 3 20 PS	D 7502		Acker-Bulldog in Einfachausführung, elektrische Lichtanlage.	
HN 3 20 PS	D 7506		Acker-Luft-Bulldog mit Grundausrüstung bestehend aus: Sechsganggetriebe, gefederter Vorderachse, Luftbereifung, geschlossenem Führerstand, Auspuff nach oben. Hand- und Fußbremse, elektrische Einrichtung, Anlaßzündung.	5650,–
HN 3 20 PS	D 7507		Wie D 7506, jedoch ohne Anlaßzündung.	5550,–
HN 3 20 PS	D 7511	L	Kombi-Bulldog mit Grundausrüstung, wahlweise Hochelastik- oder Luftbereifung.	Elastik: 5445,– Luft: 42×9 5895,– Luft: 40×8 5700,–
HN 3 20 PS	D 7521		Verkehrs-Bulldog mit Grundausrüstung bestehend aus: Automobilkotflügeln, Luftbereifung, gefederter Vorderachse, Auspuff nach unten, Sitzbank. Elektrische Ausrüstung mit Winker, Anlaßzündung.	Elastik: 5945,– Luft: 42×9 6395,– Luft: 40×8 6200,–
HN 3 20 PS	D 7531		Eil-Bulldog mit Grundausrüstung wie D 7521, jedoch Getriebe bis 20 km/h, ohne Riemenscheibe.	Luft: 42×9 6625,– Luft: 40×8 6430,–

Erinnerungen an den Bulldog

Es war ein heißer Sommertag des Jahres 1938 und die Sonne brannte unerbittlich auf die kleine Gruppe von Schulkindern nieder, die sich auf dem steilen Heimweg nach oben bewegten, mehr schleppend als gehend. Zum Reden hatte kaum jemand Lust, denn die Ranzen waren bei diesem Wetter ganz besonders schwer. Sie drückten auf die kleinen Rücken und schmerzten.

Unter den Kindern war auch der kleine Albert aus Schierghofers Haus in Schloßberg bei Rosenheim. Er war gerade acht Jahre alt und hatte diesen Weg noch Jahre vor sich. Doch dies war ihm an diesem heißen Tag nicht bewußt, er wünschte sich nur, daß der Berg bald zu Ende sei, wo das Haus der Eltern stand, um endlich den schweren Ranzen ablegen zu können.

Doch plötzlich hielt er inne, er drehte sich zum Tal in Richtung des großen Steinbruchs und starrte gespannt nach unten, denn von dort drang ein wohlvertrautes und doch immer wieder neues Geräusch zu ihm herauf. Er hörte es noch undeutlich und trotzdem war er fest davon überzeugt, daß ihn seine Ohren nicht täuschten. Jetzt wurde es lauter und gleichmäßiger. Daß seine Schulkameraden inzwischen weitergelaufen waren, merkte der kleine Albert gar nicht mehr, er hörte nur noch das Puff-Puff Puff-Puff, das von einem Lanz-Bulldog, der gerade gestartet worden war, zu ihm heraufdrang. In dem Steinbruch waren eigentlich drei Bulldogs beschäftigt, doch seit einigen Wochen war ein vierter hinzugekommen. Einer, der dem Steinbruchbesitzer eigentlich gar nicht gehörte, aber er mußte ihn fahren und probieren, heute würde man sagen, er wurde getestet. Und genau dieser Bulldog war jetzt angefahren. Er konnte ihn noch nicht sehen und doch wußte er es genau: Der Bulldog hatte, wie schon so oft in letzter Zeit, wieder zwei schwere, mit Schottersteinen beladene Anhänger hinter sich. Und diese mußte er ebenfalls den steilen Berg hochziehen am Haus der Eltern vorbei in eine andere Straße, wo gerade eine große Baustelle war.

Obwohl Albert eigentlich von allen Lanz-Bulldogs fasziniert war, so hatte es ihm dieser ganz besonders angetan, denn er war größer. Nein, nicht höher und insgesamt auch nicht breiter, einfach wuchtiger und er hatte so vieles doppelt. So hatte er zwei Auspuffrohre, die vorne schräg – auf jeder Seite eins – aus dem Motor kamen und unter dem Bulldog nach hinten geführt wurden. Aus ihnen kam immer ganz schwarzer Rauch, wenn der Bulldog die schweren Hänger den steilen Berg hochziehen mußte. Nach vorne baute der Motor dieses Bulldogs besonders breit, eigentlich doppelt so breit wie die anderen Bulldogs aus dem Steinbruch. Und ganz vorn hatte er über der Vorderachse große, runde Zylinderköpfe, beide nebeneinander. Albert wußte genau, unter diese Zylinderköpfe stellte der Fahrer immer zwei laut zischende Lötlampen mit einer ganz kurzen blauen Flamme, bevor er das Lenkrad seitlich durch ein Loch in den Bulldogrumpf steckte, um daran zu drehen, bis der Bulldog lief.

Inzwischen war der Bulldog aus dem Steinbruchweg in die Hauptstraße eingebogen und der Fahrer gab Gas, schaltete in den nächsten Gang, gab Gas und schaltete wieder. Albert konnte nun alles genau hören und sehen und er sah auch, daß das Gespann jetzt gleich die Stelle erreichte, wo die ebene Straße einen leichten Bogen machte und in den steilen Berg einmündete. Hier verlangsamte der Fahrer immer die Fahrt und legte einen kleineren Gang ein, denn der Bulldog brauchte jetzt seine ganze Kraft, um mit der schweren Last die steile Straße hochzuklettern. Und der Fahrer mußte genau wissen, welchen Gang er brauchte, denn ein Schalten am Berg hätte bedeutet anhalten, abhängen und jeden Hänger einzeln den Berg hochziehen. Das hätte Zeit gekostet, viel Zeit, und die war auch schon damals bei den Erwachsenen sehr knapp.

Jetzt kam der Bulldog näher, immer näher. Klein-Albert hörte vor Freude sein Herz pochen und er glaubte, daß die Straße leicht bebte. Oder bebte sie tatsächlich unter diesem schweren Bulldog, der die schweren Hänger Meter für Meter hochzog? Albert machte einen Schritt zur Seite, damit er ja nicht im Wege stand, denn er wollte auf keinen Fall die Fuhre behindern. Der Fahrer winkte ihm schon von weitem zu und lächelte und jetzt wußte Albert ganz genau, heute ist alles in Ordnung, er darf sich am hinteren Wagen festhalten, darf hochklettern und den Rest des Berges hochfahren bis zum Haus seiner Eltern, wo er dann mit einem Satz vom Anhänger sprang. Schnell raffte er sich wieder auf, um dem Fahrer nachzuwinken und ihm seine Freude mitzuteilen. Er wollte dem Bulldog noch nach-

schauen, bis er um die nächste Kurve verschwand, doch die Stimme des Vaters riß ihn aus den Träumen, er war wieder einmal viel zu spät von der Schule heimgekommen. Seine Schulkameraden waren schon längst zu Hause, die Eltern mit dem Essen fertig und nur er hatte alles um sich vergessen.
Wochen später wurde der Bulldog abgeschleppt, denn irgend etwas war kaputt gegangen. Es muß im Steinbruch passiert sein. Und jetzt stand er eine Straße weiter in der Werkstatt vom Kronbüchler. Albert ließ es sich damals nicht nehmen, dabei zu sein, als Vater Kronbüchler den Bulldog auseinanderschraubte, um den Schaden zu finden. Erst montierte er die schweren Zylinderköpfe ab und die Luftfilter. Danach wurden die Kolben herausgenommen und zum Schluß die Kurbelwelle. Und da kam der Schaden ans Licht: Die Kurbelwelle war gebrochen. Alle Teile wurden dann sauber in Holzkisten gelegt und verpackt, bis nach etwa drei Wochen ein großer Lastwagen aus Mannheim kam und den Bulldog samt Teilen abholte.
Inzwischen sind über fünfzig Jahre vergangen und Albert Schierghofer kann bald seinen 60. Geburtstag feiern. Die Bulldogs hat er aber in all den Jahren nie aus den Augen verloren. Heute kennt er Technik und Funktion der Bulldogs genau wie die verschiedenen Typen.
Heute nach dem Bulldog von damals befragt, weiß er zu berichten: Bei diesem Schlepper handelte es sich um eine Straßenzugmaschine mit luftbereiften Rädern und gefederter Vorderachse ohne Verdeck. Über den Hinterrädern waren große, runde Kotflügel angeschraubt. Motor und Kühleraufbau waren doppelt so breit wie beim herkömmlichen Bulldog. Er dürfte etwa über 30 PS verfügt haben und war ca. 25 km/h schnell. Der Motor hatte zwei in Fahrtrichtung liegende Kolben mit getrennten Kurbelgehäusen und Luftfiltern, da sonst das Zweitaktverfahren mit Schlitzsteuerung und Kurbelgehäuse-Aufladung nicht funktioniert hätte. Die Kurbelwelle war wie bei zweizylindrigen Dampfmaschinen um vermutlich etwa 45 Grad versetzt, woraus dann der Doppelschlag (Puff-Puff Puff-Puff) entstand.
Anheiz- und Startvorgang war gleich dem der damaligen Lanz-Bulldogs, nur daß eben zwei Lötlampen gleichzeitig gebraucht wurden. Allerdings, und daran kann sich Albert Schierghofer noch genau erinnern, anwerfen, daß der Motor sich drehte, war nicht möglich, denn die Kolben pendelten immer gegeneinander. Das eigentliche Andrehen konnte nur durch geschicktes Einspritzen mit dem Handhebel an der Einspritzpumpe erreicht werden.
Inzwischen weiß er auch, daß es sich bei diesem Bulldog um einen einzelnen Prototypen gehandelt hatte, der nie in Serie gebaut wurde.

Der Weg zum 25-PS-Bulldog

Schon zu den Zeiten als Heinrich Lanz die Fäden seiner Fabrik noch selbst in den Händen hielt, war es üblich, daß bei Leistungsangaben von Lokomobilen und Dampfmaschinen eine immer etwas niedrigere PS-Angabe genannt wurde als etwa bei manchem Konkurrenzfabrikat. Diese Angaben ermittelte man zuvor in sorgfältig durchgeführten Versuchen, wobei ein besonders günstiger Brennstoffverbrauch zugrunde gelegt wurde. Dadurch war es möglich, diesen Lokomobilen oft die doppelte Leistung abzuverlangen, ohne daß sie versagten oder gar Schaden genommen hätten. Als besonders vorteilhaft erwies sich dieser Weg gegenüber jenen Herstellern mit hochgeschraubten Leistungsangaben, da hier die Reserve der Überlastbarkeit entsprechend niedrig war.
Diese Tradition wurde in der Firma beibehalten und im Laufe der Zeit auch auf den Bulldog übertragen. Erstmals wurde dies 1924 in der Öffentlichkeit bei der 17 Tage dauernden Leistungsfahrt von Mannheim nach Berlin deutlich gemacht. Damals konnte die nahezu 1100 km lange Strecke dank großer Kraftreserven der Maschinen ohne Abstellen der Motoren und ohne Schäden bewältigt werden.
Sehr deutlich wurden diese Vorteile auch in dem zwei Jahre später stattfindenden Vergleichstest zwischen einem Fordson-Schlepper und dem HR-2-Bulldog (Band 1, Seite 220). Große Kraftreserven des Bulldog-Motors machten den HR 2 damals zur überlegenen Maschine, was der Firma Lanz große Vorteile verschaffte.
Doch das Preis-Leistungsverhältnis bei immer größer werdender Konkurrenz verlangte immer härtere Kalkulationen und auch stärkere Ver-

25 PS
ACKER-
BULLDOG
D 7500
25 PS LANZ ACKER-BULLDOG
für mittelschwere Belastungen
D 7500
HEINRICH LANZ MANNHEIM
AKTIENGESELLSCHAFT

kaufsbemühungen. Ein Grund, die Leistungen endlich so anzugeben, wie es bei anderen Schlepperherstellern schon längst üblich war. Und dies war nicht wie bisher die normale Dauerleistung, sondern die Höchstleistung. Und auch hier machte Lanz wieder eine Einschränkung, indem man künftig die „Höchstleistung über eine Stunde" angab.
Auf den 20 PS starken HN-3-Bulldog übertragen bedeutete dies nun eine Höchstleistung von 25 PS, ohne daß irgendwelche Motordaten geändert werden mußten. Doch besonders interessant zeigte sich diese Änderung aus kaufmännischer Sicht, denn ab jetzt war die Lieferung eines 25-PS-Bulldogs zum Preis des bisherigen 20–PS-Bulldogs möglich geworden. Ein Vorteil, auf den andere Schlepperhersteller nicht zurückgreifen konnten, da sich hinter deren PS-Angaben immer die Höchstleistung verbarg. Die Kraftstoffverbrauchsdaten wurden bei dieser Änderung nicht berührt, denn der Verbrauch wurde beim Bulldog stets in kg pro PS pro Stunde angegeben.
Die Fertigungskapazität für Bulldogs war in den letzten Jahren vor dem Krieg auf das äußerste ausgenützt worden, die Arbeitszeit ging wieder wie schon zu Dampfzeiten vor dem Ersten Weltkrieg im Dreischichtbetrieb rund um die Uhr und trotzdem konnten viele Bestellungen nicht mehr entgegengenommen werden. Allein 60 Prozent aller in Deutschland und Europa neu zugelassenen Schlepper kamen aus der Mannheimer Produktion.
Bei der Fertigung wurden immer Bestellungen des gleichen Typs zusammengenommen, damit entsprechend wirtschaftlich gearbeitet werden konnte, die Stückzahl richtete sich dabei nach der jeweiligen Nachfrage. Sie konnte einmal 10 Bulldogs und beim nächsten Typ 200 Bulldogs beinhalten.
Beispielsweise beinhaltete die Fertigung von Nr. 111.599 bis 111.618 nur Bulldogs vom Typ D 7531, gefolgt von den Nummern 111.619 bis 111.782, die nur Bulldogs vom Typ D 7500 beinhalteten. Danach kamen von Nr. 111.783 bis Nr. 111.898 Bulldogs vom Typ D 7506, wiederum gefolgt vom Bulldogtyp D 7500, die bis Nr. 111.997 gefertigt wurden. Bei all diesen Bulldogs war noch die normale Dauerleistung von 20 PS angegeben.
Bei der nächsten Serie trat die Änderung in Kraft. Die Fertigungsnummern gingen von Nr. 111.998 bis 112.100 und umfaßten nur Bulldogs vom Typ D 7506, ab der Nr. 112.000 war die Fertigung der HN-3-Bulldogs jedoch kurz unterbrochen. Es folgten die 25-PS-HN-4-Bulldogs mit den Nummern 112.001 bis 112.006. Erstaunlicherweise waren die ab Nr. 112.007 gefertigten Bulldogs wieder als HN-3-Bulldogs ausgewiesen, diesmal jedoch mit 25 PS.
Obwohl diese vielen Zahlen beim oberflächlichen Lesen zunächst nur verwirrend wirken, so wird bei näherer Betrachtung doch sehr deutlich, daß die Änderungen von 20 auf 25 PS wie auch HN 3 / HN 4 / HN 3 nur auf dem Papier stattfanden, da die Bauserie nur die Typen D 7506 beinhaltete.

Schlepper-Nr.	Type
111451—111466	D 7531 *)
111467—111566	D 7500
111567—111598	D 7506
111599—111618	D 7531 *)
111619—111782	D 7500
111783—111898	D 7506
111899—111997	D 7500
111998—112100	D 7506
112101—112120	D 7521 *)
112121—112126	D 7506

Einteilung nach Schlepper- bzw. D-Nummern.

Auch bei zeitgenössischen Prospekten läßt sich solcherlei beobachten, wie etwa auf zwei Prospekten, Ausgabedatum Ende 1936 und Mai 1937. Der eine Prospekt zeigt den Bulldogtyp D 7500 mit 20 PS und der andere den Bulldog D 7500 mit 25 PS, beide beschreiben jedoch denselben Bulldog und beinhalten dieselbe technische Beschreibung.
Aus dieser Erkenntnis heraus kann man heute mit größter Sicherheit sagen, daß die sechs gefertigten HN-4-Bulldogs die ersten 25-PS-Bulldogs waren und somit als Prototypen anzusehen sind, daß Bauweise und Lieferumfang aber den bisherigen wie auch den nachfolgenden Typen D 7506 entsprachen.
Vielleicht will es der Zufall, daß einer der Leser einen HN-4-Bulldog (Nr. 112.001 bis 112.006) be-

25 PS

Ackerluft-Bulldog mit 6 Gängen

D 7506

LANZ

25 PS Ackerluft-Bulldog

Zum Einsatz auf Acker und Straße

D 7506

HEINRICH **LANZ** MANNHEIM
Aktiengesellschaft

Der 25-PS-Acker-Bulldog wurde mit denselben Seitenblechen ausgerüstet wie der 20 PS starke D 3500.

Zum Schutz vor den groben Eisenstollen wurden die Seitenbleche später nach oben gezogen.

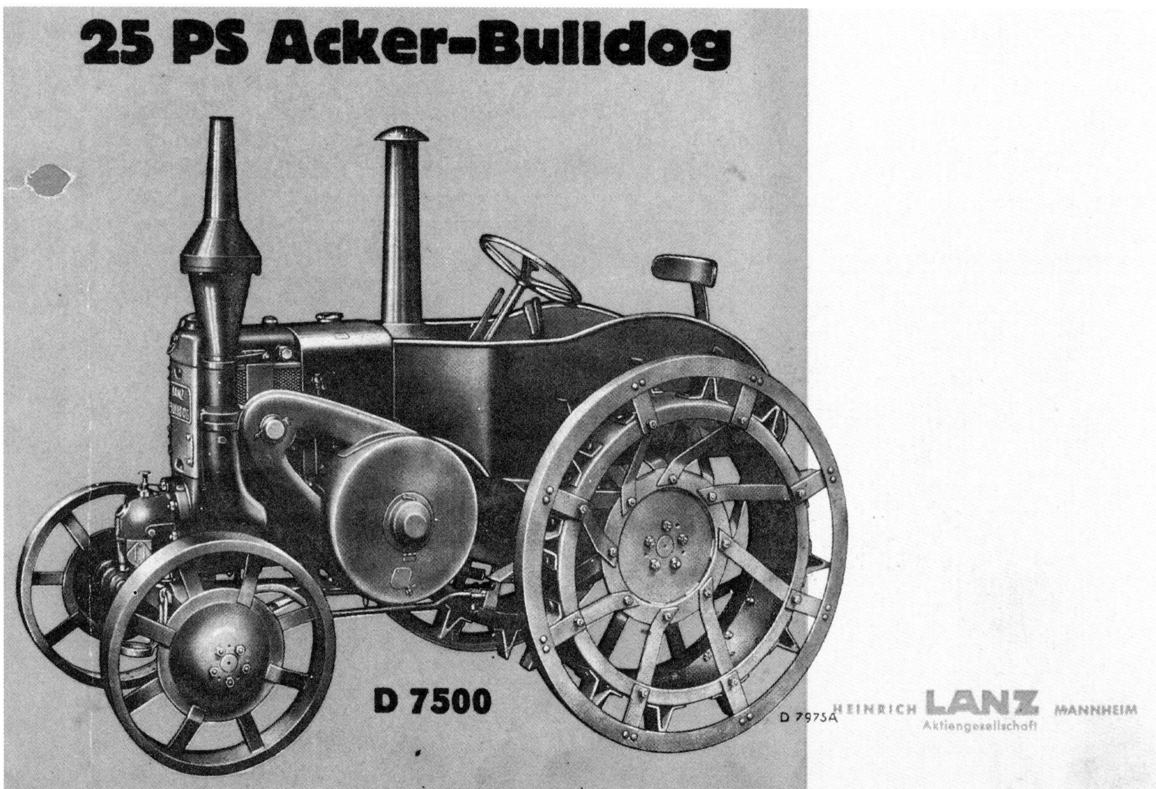

sitzt oder kennt. Er möge sich bitte beim Autor melden, damit dann die letzten Zweifel beseitigt werden können.
Zunächst ging die Fertigung weitgehend unverändert weiter. Zur Auswahl standen nach wie vor die Typen D 7500, D 7501, D 7502, D 7506, D 7511, D 7521 und D 7531.
Bei einigen dieser Bulldogs wurde auch eine Leistung von 24 PS angegeben. Sie waren jedoch ins Ausland geliefert worden. Im Herbst des Jahres 1937 wurde das Äußere der Bulldogs aus Sicht des Kenners stark verändert. Die bisherigen, mit Muschelform versehenen Seitenbleche wurden durch gerade Seitenbleche ersetzt. Allerdings wurden die Seitenbleche für den künftigen Acker-Bulldog vom HN-5-Bulldog verwendet. (Siehe dazu HN-5-20-PS-Bulldog von 1937 bis 1942). Diese Änderung trat ab Bulldog-Nr. 114.027 in Kraft. Der Zweck dieser Änderung war einmal die Vereinheitlichung aller Acker-, Ackerluft- und Verkehrs-Bulldogs, verbunden mit einer günstigeren Fertigung bedingt durch eine höhere Stückzahl. Weiter fand als Folge dieser Änderung nur noch ein Dach-Anbau Verwendung, bisher war ein solcher jeweils für Voll- und für Universalkotflügel notwendig. Weiter erhielt der 25-PS-Acker-Bulldog Bodenbleche und wie der Ackerluft-Bulldog eine als Gabel ausgebildete Anhängevorrichtung.
Etwa im gleichen Zeitraum wurde die Beschriftung an Wasserkasten und Steigrohr verändert. War bisher der Wasserkasten mit dem Schriftzug „Bulldog" versehen, so fiel dieser ab sofort weg. Der Schriftzug „Lanz" auf dem Steigrohr wurde etwas nach oben gerückt, direkt darunter fand künftig der Schriftzug „Bulldog" seine Plazierung.
Ein rechteckiger, beide Wörter umfassender Rahmen symbolisierte nun die Zusammengehörigkeit von „Lanz-Bulldog".
Ebenfalls in diesen Zeitraum fällt auch die ab sofort für alle HN-3-Bulldogs (D 75..) vorgenommene Drehzahlerhöhung von 760 auf 850 U/min. Sehr verwunderlich bleibt dabei die Tatsache, daß bei dieser Änderung keinerlei Leistungserhöhung angegeben wird.
Hier drängt sich sicher bei manchem Leser der Gedanke auf, daß die Leistungserhöhung von 20 auf 25 PS wohl aus dieser Drehzahlerhöhung resultieren könnte, doch belegen zahlreiche zeitgemäße Unterlagen, daß der 25-PS-Bulldog vom Frühjahr 1935 bis Herbst 1937 mit einer oberen Leerlaufdrehzahl von 760 U/min geliefert wurde. Die Leistungsangaben lauteten weiterhin: „Normale Dauerleistung 20 PS", „Höchstleistung über 1 Stunde 25 PS". Ab dem Jahr 1942 wurde die „Normale Dauerleistung" mit 22 PS angegeben. Zwischen den Jahren 1935 und 1942 wurden Baugruppen wie Einspritzpumpe mit Pumpenstößel und Gashebelgestänge mit Keil und Daumenwelle mehrmals geändert, ebenso die Gewichte der Schwungräder. Sicher hängt die Leistungssteigerung mit diesen Änderungen zusammen. Auch die geometrische Form des Verbrennungsraumes im Zylinderkopf war geändert worden. So erhielten die Zylinderköpfe aller PS-Klassen künftig einen kugeligen Verbrennungsraum, für den eine einheitliche Einspritzdüse verwendet werden konnte. Der Vorteil dieser Änderung: Die Einstellung der Düsenspindel war für alle Belastungen richtig. Nur bei extrem lang anhaltendem Leerlauf wurde geraten, die Düsenspindel etwa 2 bis 3 Umdrehungen hochzuschrauben, um ein Erkalten des Motors zu vermeiden. Davor war die Düsenspindelstellung von der Motorleistung abhängig (Band 1, Seite 183). Beim 25-PS-HN-3 fand diese Änderung ab Bulldog Nr. 119.875 statt.
Ende des Jahres 1939, Anfang 1940 wurde von Zollgewinde auf Metrisches Gewinde umgestellt. Das genaue Datum läßt sich hier nicht mehr feststellen, jedoch aber die Schlepper-Nummer, ab der der Zylinderkopf mit metrischem Gewinde geliefert wurde. Beim D 7500 war dies ab Bulldog Nr. 123.277 der Fall, ausgenommen Nr. 123.331, er wurde noch mit einem am Lager befindlichen Zollgewinde-Zylinderkopf versehen. Beim D 7506 fand die Umstellung ab Nr. 123.357 statt. Doch auch hier mußte das Lager geräumt werden, deshalb gelangten bei den nachstehenden Bulldogs wieder Zollgewinde-Zylinderköpfe zum Einbau:

123.478, 123.484, 123.519, 123.526, 123.528, 123.536, 123.539, 123.541, 123.544, 123.546, 123.548, 123.549, 123.551, 123.554, 123.557, 123.558, 123.560, 123.561, 123.563, 123.566, 123.568, 123.569, 123.572 – 123.576, 123.579, 123.584 – 123.587 und 123.627.

Gefertigt wurden diese Bulldogs bis Juli 1942, bis die Feststoffverordnung der Reichsregierung in Kraft trat und den Holzgasbulldog verlangte, um „kriegswichtiges" Dieselöl zu sparen und heimischen Brennstoff zu favorisieren.

Schlepper-Produktion der 20 und 25 PS starken HN-3-, HN-4-, HN-3-Bulldogs

	1935	1936	1937	1938	1939	1940	1941	1942
D 7500 D 7506	470	1.036	2.110	2.665	4.274	4.302	3.949	2.880
D 7511 D 7521	55	45						
D 7531	59	70	80	20				

Typenübersicht mit D-Nummern und PS-Angaben

soweit heute noch bekannt

Typ / PS	D-Nummer	Modell	Art und Ausführung des Bulldogs	Preise März 1938
HN 3 25 PS	D 7500		Acker-Bulldog in Normalausrüstung	RM Eisenbe-reifung: 3470,– Acker-Luft-Bereifung: 4060,–
HN 3 25 PS	D 7506		Ackerluft-Bulldog	5025,–
HN 3 25 PS	D 7507		Wie D 7506, jedoch ohne Anlaßzündung.	4930,–
HN 3 25 PS	D 7511	L	Kombi-Bulldog mit Grundausrüstung, wahlweise Hochelastik- oder Luftbereifung.	Elastik: 5445,– Luft 42×9: 5840,– Luft 40×8: 5645,–
HN 3 25 PS	D 7531		Eil-Bulldog mit Automobilkotflügeln und Getriebe bis 20 km/h, ohne Riemenscheibe.	Luft 42×9: 6570,– Luft 40×8: 6375,–

Ein Bulldog beim Durchqueren eines Flusses.

Neu im Programm: Der 20-PS-Bauern-Bulldog

„Im Kampf um die Nahrungsmittelfreiheit des deutschen Volkes fällt dem deutschen Bauern die große Aufgabe zu, auf der gegebenen Akkerfläche größtmögliche Erträge zu erzielen. Die dazu notwendige bessere Bewirtschaftung und die angestrebte Mehrerzeugung bedeuten aber eine ganz wesentliche Erhöhung des Ackerarbeitsaufwandes und der Transportleistungen.
Der Arbeitstag des deutschen Bauern ist aber schon schwer und lang genug. An Arbeitskräften herrscht Mangel, seine Gespanne sind oft schon überlastet, und ein vermehrter Einsatz tierischer Zugkräfte ist aus vielerlei Gründen kaum möglich. Der erforderliche Mehraufwand an Arbeit kann und muß deshalb durch erhöhten Einsatz technischer Hilfsmittel ausgeglichen werden. Der Schlepper ermöglicht die Anwendung von Geräten, die die Zeit und die Möglichkeit schaffen, die Qualität der Arbeit zu steigern, die wiederum entscheidend für den Ertrag ist. In der Maschine stecken die Leistungsreserven, die auch bei ungünstiger Witterung die Arbeit rechtzeitig bewältigen lassen. Mit der durch den Schlepper und den für ihn verwendbaren Zusatzgeräten erwirkten Leistungserhöhung kann der Bauer schneller und wirksamer arbeiten, mehr und Besseres leisten.
Das entscheidende Mittel für die Steigerung der Erzeugung aber ist der luftbereifte Schlepper.
Über die Wirksamkeit des eisenbereiften Schleppers hinaus gibt der luftbereifte Schlepper dem Bauern-Betrieb Möglichkeiten, die seine Leistungsfähigkeit und Schlagkraft ganz außerordentlich erhöhen. Die Zugleistung des Schleppers wächst bei günstigen Arbeitsverhältnissen auf nahezu das Doppelte und seine betriebswirtschaftliche Verwendungsmöglichkeit – und das ist das Wichtigste – um ein Vielfaches.
Beim umschichtigen Einsatz auf Acker und Straße beseitigt der Luftreifen die Schwierigkeiten des wechselweisen Übergangs. Die bisher so kostspielige, betriebswirtschaftlich wichtige Transportfrage – für den Acker den Schlepper, für die Fuhren Pferde – ist gelöst. Der luftbereifte Bauern-Schlepper ist eine allseitige und vollkommene Hilfe geworden, er übernimmt alle Arbeiten auf dem Felde, auf dem Hofe, auf der Straße. Und mit der Zunahme der Schlepperausnutzung fallen die täglichen Festkosten, verbilligt sich der ganze Betrieb, sinken die Erzeugungskosten. Der Ackerluft-Schlepper ist die wertvolle, weil vielseitige Arbeitskraft des bäuerlichen Betriebs, für dessen Planung und Ablauf er grundlegende Bedeutung hat. Seine Anschaffung erfordert daher der Wichtigkeit entsprechend eingehende und sachliche Überlegung. So falsch die zu große Renommiermaschine ist, so fehl am Platz ist der zu kleine Schlepper, der nicht über die nötige Kraftreserve verfügt. Der Bauer muß bei der Auswahl seines Schleppers mit aller Sorgfalt vorgehen, damit Rückschläge unbedingt vermieden werden."

So lautete in den ausgehenden dreißiger Jahren die Werbung für landwirtschaftliche Schlepper zur Zeit der nationalsozialistischen Reichsregierung. Diese Werbung hätte eigentlich jeder Schlepper für sich in Anspruch nehmen können, doch gemeint war damit der neu im Lanz-Bulldog-Programm erschienene 20 PS starke Bulldog HN 5.
Das Einsatzgebiet der Schlepper hatte sich in den letzten Jahren stark verändert. Waren früher die Zugmaschine für Transportarbeiten und die Antriebsmaschine über die Riemenscheibe vorherrschend, so rückten jetzt mehr und mehr die Bodenbearbeitungs- und Erntegeräte in den Vordergrund. Eine große Rolle spielte hierbei auch die Zapfwelle, die einen nahezu verlustfreien Antrieb dieser Geräte leisten konnte. Damit hatte sich der Anteil der reinen Transportarbeiten auf etwa 40 Prozent gesenkt. Gefragt war nun ein Schlepper mit niedrigem Eigengewicht, damit beim Durchfahren bestellter Felder der Boden nicht zu sehr verdichtet wurde oder andere Schäden entstanden.
Unter Beachtung dieser neuen Vorgaben wurde damals der 20-PS-Bulldog konzipiert, doch sollte er natürlich auch jene Bauern ansprechen, die sich bis dahin noch nicht vom Gespann trennen konnten, oder denen der 25-PS-Bulldog zu groß oder zu teuer war.
Mit der Entwicklung des 20 PS starken HN-5-Bulldogs wurde Ende des Jahres 1936 begonnen, nachdem die Leistung aller Bulldogs in

Der 20 PS starke Bauern-Bulldog, einmal in der Acker-Ausführung und einmal als Ackerluft-Bulldog.

„Höchstleistung über eine Stunde" angegeben worden war. Die ersten 20-PS-Bulldogs verließen in der zweiten Jahreshälfte 1937 das Werk. Die Bezeichnung HN wurde von den Vorgängern übernommen, wobei das „H" für „Huber" stand. Die 5 sagte aus, daß es sich bei diesem Bulldog um die fünfte Entwicklung innerhalb der HN-Serie handelte. Als Nummer wählte man D 35...
Die Leistung des Motors wurde mit
„Höchstleistung über eine Stunde 20 PS"
und „normale Dauerleistung 17 PS"
angegeben.
Bei diesem Bulldog hatten die Konstrukteure den kompletten Motor mit gedrosselter Drehzahl von 750 U/min samt Kühleraufbau vom HN 3 übernommen, ebenso das Getriebegehäuse und die Hinterachse. Der Tank als geschweißtes Blechteil wurde neu angefertigt, ohne Innentanks für Benzin oder Öl. Als Schutz des Fahrers vor den Treibrädern wurden seitlich neuentwickelte, hinten mit großen Rundungen versehene Bleche angebracht, die den Fahrraum abtrennten. Da dieser Bulldog aber weder über eine Armaturenwand noch über eine Motorhaube verfügte, führten die Seitenbleche bis zum Tank vor. Auf der Innenseite des Fahrraums, an der Tankrückwand befestigt, fand ein runder Schmieröltank seinen Platz. Nach unten war der Fahrraum mit zwei Blechen abgetrennt, die zusammen mit der Oberseite des Getriebegehäuses den Fahrraumboden bildeten. Der Luftfilter saß direkt über den Luftklappen in einem Rohr, das fast so weit nach oben ragte wie der Auspuff. Daneben war der Werkzeugkasten plaziert. Die Bereifung fiel bei diesem Bulldog entsprechend kleiner aus als etwa beim HN-3-Bulldog.
Zunächst wurde der Bulldog in zwei Ausführungen angeboten: Einmal als Acker-Bulldog mit der Nummer D 3500 in der bekannten, einfachen Bauweise mit Dreigang-Getriebe, Handgas, Handbremse und Eisenbereifung. Als Sonderzubehör wurden Zapfwelle, Mähwerk, Ackerschiene und Luftbereifung angeboten.
Die zweite Ausführung wurde unter der Bestellnummer D 3507 geliefert, hinter der sich der Ackerluft-Bulldog verbarg. Hierzu gehörte als Grundausrüstung das Sechsgang-Getriebe, Luftbereifung vorne 5.50-16, hinten 9.00–24, Fußbremse, Fußgas, Anhängevorrichtung unten für Geräte, oben für Wagen und eine elektrische Beleuchtung. Die elektrische Anlaßzündung wurde nicht geliefert. Selbstverständlich konnten auch hier eine Zapfwelle, ein Mähwerk oder eine verlängerte Ackeranhängevorrichtung, ebenso ein Allwetterverdeck als Sonderzubehör geliefert werden. Mit dem Sechsganggetriebe, das gegenüber dem 25-PS-Bulldog mit anderszähnigen Rädern bestückt war, und obengenannter Bereifung konnten folgende Geschwindigkeiten erreicht werden:

1. Gang	=	3,6 km/h
2. Gang	=	4,9 km/h
3. Gang	=	6,7 km/h
Rückwärts	=	4,8 km/h
4. Gang	=	9,7 km/h
5. Gang	=	13,5 km/h
6. Gang	=	18,5 km/h
Rückwärts	=	13,3 km/h

Die oben angegebenen Geschwindigkeiten der ersten Schalt-Gruppe entsprechen auch der Fahrgeschwindigkeit der Acker-Bulldogs mit Eisenbereifung. Hier sollte allerdings berücksichtigt werden, daß Geschwindigkeitsangaben mit Eisenbereifung immer mit $\frac{3}{4}$ eingesunkenen Greifern berechnet wurden, das heißt, daß mit aufgelegten Laufringen entsprechend höhere Werte zu erreichen waren.
Schon ein Jahr später, etwa Ende 1938, konnte der 20-PS-Bulldog unter der Nr. D 3506 dann auch mit einer elektrischen Anlaßzündung zum Anwerfen ohne Heizlampe geliefert werden. Wahlweise standen auch noch Tiefbettfelgen mit Bereifung 6,00 S x 24 für hinten und Stahlscheibenräder der Größe 3,25 x 16 für vorne zur Auswahl. Die Seitenbleche waren ebenfalls geändert worden. Man hatte sie mit einem größeren Radius nach oben gezogen, um dem Fahrer noch mehr Schutz vor den Treibrädern zu bieten.
Die 20-PS-Bulldogs wurden ab Nr. 175.001 gebaut bis zur zwangsweisen Unterbrechung durch den Krieg im Jahre 1942, der letzte Bulldog hatte die Nummer 186.585. Der Zylinderkopf mit kugelförmigem Verbrennungsraum und Einheitsdüse wurde beim D 3500 ab Bulldog Nr. 175.001 eingeführt und beim D 3506 ab Nr. 180.733. Ab Bulldog Nr. 182.845 waren die Zylinderköpfe mit metrischem Gewinde versehen. Davor wurden allerdings einige Bulldogs geliefert, deren Zylinderköpfe mit metrischen Gewinden, aber mit einer $\frac{1}{2}$" Düsenbohrung als Zwischenlösung versehen waren, um die lagerhaltigen Düsen aufzuarbeiten. Diese Bulldogs werden mit folgenden Nummern angegeben:

182.706, 182.709, 182.710, 182.712, 182.724, 182.725, 182.728, 182.729, 182.731 - 182.745, 182.751, 182.755.

Schlepper-Produktion der 20-PS-HN-5-Bulldogs

	1937	1938	1939	1940	1941	1942
D 3500 D 3506 D 3507	600	2.519	2.926	2.880	2.655	5

Der Prospekt zeigt einen 20-PS-Prototyp mit „Bulldog-Lanz“ Beschriftung, wie er nicht in Serie gebaut wurde.

Typenübersicht mit D-Nummern und PS-Angaben

soweit heute noch bekannt

Typ / PS	D-Nummer	Modell	Art und Ausführung des Bulldogs	Preise März 1938
				RM
HN 5 20 PS	D 3500		Bauern-Bulldog, Dreigang-Getriebe	
			Eisenbereifung	3 110,–
			Acker-Luft-Bereifung	3 490,–
HN 5 20 PS	D 3507		Ackerluft-Bulldog, Sechsgang-Getriebe, Beleuchtung	4 150,–
HN 5 20 PS	D 3506		Wie D 3507, dazu elektrische Anlaßzündung	

Der Allzweck-Bulldog

Die letzte Bulldog-Entwicklung der HN-Serie vor dem Krieg war der 25 PS starke Allzweck-Bulldog. In ihm ist hinsichtlich der geänderten Einsatzmöglichkeiten der landwirtschaftlichen Schlepper die Weiterentwicklung des Anfang der dreißiger Jahre begonnenen Dreirad-Hackfrucht-Bulldogs zu sehen.
Kennzeichnend für diesen Bulldog waren überaus große, schmale Antriebsräder der Größe 9,00–40, was einem Durchmesser von etwa 1,50 m entsprach. Vorne kamen Räder der Größe 6,00–20 zum Einbau. Diese fast überdimensionalen Räder verschaffen dem Bulldog eine Bodenfreiheit von 470 mm und ergaben weit günstigere Zug- und Arbeitsverhältnisse als beim Ackerluft-Bulldog. Doch nicht nur die Räder, sondern auch die Achsen waren verändert worden. Die Vorderachse etwa war steiler gekröpft, die Antriebswellen der Hinterachse endeten als Wellenstummel, auf denen die Räder über einen Flansch stufenlos verschoben werden konnten. Hierdurch war ein Verstellen der Spurweite möglich, was durch das Drehen der Felgen auf den Achswellen noch erweitert werden konnte. Über den großen Hinterrädern kamen runde Zusatzkotflügel zum Anbau, die dem Fahrer zusätzlichen Schutz boten. Auf der Rückseite konnte der Bulldog mit einem mechanischen Hebegetriebe und einer Vierpunktaufhängung ausgerüstet werden. Hier konnten Anbaugeräte einfach eingehängt werden und dann über das Hebegetriebe auf- und abbewegt werden. In dieser Konstruktion ist der Vorläufer der heute üblichen, hydraulisch betriebenen Dreipunktaufhängung zu sehen. Als weiteres Sonderzubehör konnten neben dem Hebegetriebe eine Reifenluftpumpe, ein Anbaubalkenmäher und eine verlängerte Ackerschiene geliefert werden. Der Allzweck-Bulldog wurde nur mit Luftbe-

Auch dieser 25-PS-Allzweck ist ein Prototyp.

Oben:
Ein 12/20-Bulldog mit drei Anhängern beim Zuckerrübentransport auf dem Bahnhof.

Unten ein für den Werksverkehr bei MAN hergerichteter 25-PS-Bulldog. Man beachte die Ausrüstung für den Verschub von Eisenbahn-Waggons.

Oben:
Der 20-PS-Bulldog auf dem Acker.

Wieder ein seltenes Foto von einem Prototyp: Ein 25 PS starker Verkehrs-Bulldog mit einer festen Kabine.

Oben sehen wir die endgültige Serienausführung des 25 PS starken Allzweck-Bulldogs.

Derselbe Bulldog von vorne.

reifung und Sechsganggetriebe geliefert, wobei folgende Fahrgeschwindigkeiten erreicht werden konnten:

1. Gang	=	3,2 km/h
2. Gang	=	4,9 km/h
3. Gang	=	6,7 km/h
Rückwärts	=	4,9 km/h
4. Gang	=	8,3 km/h
5. Gang	=	14,8 km/h
6. Gang	=	17,7 km/h
Rückwärts	=	14,8 km/h

Als Einsatzgebiet war für diesen Bulldog über den üblichen Rahmen der Zug- und Antriebsarbeiten hinaus das Pflegen und Bearbeiten von Reihenfurchen und Kulturen vorgesehen, was durch die große Bodenfreiheit und das Anpassen der Spurweite sehr begünstigt wurde.
Der Allzweck-Bulldog, ebenfalls wie der Ackerluft-Bulldog mit der Nr. D 7506 bezeichnet, entsprach in der weiteren Ausrüstung dem Ackerluft-Bulldog. Der Fertigungsbeginn lag in der zweiten Hälfte des Jahres 1939, erste Prototypen waren zur DLG-Ausstellung, damals Reichsnährstand-Ausstellung genannt, die vom 4. Juni bis 11. Juni 1939 in Leipzig stattfand, angefertigt worden. Die Fertigung erfolgte ab Schlepper-Nr. 210.001 bis in das Jahr 1942.
Leider sind heute keine Unterlagen mehr vorhanden, die Auskunft über die Zahl der verkauften Exemplare geben könnten. Ebensowenig ist bekannt, ob in den beim Ackerluft-Bulldog genannten Jahresfertigungszahlen ab 1939 auch Allzweck-Bulldogs enthalten sind.

Winterbetrieb und Kriegserlebnisse mit Bulldogs

Ein persönlicher Bericht von Hansludwig Huber

Winterbetrieb mit Kraftfahrzeugen, natürlich ohne geheizte Garagen, dafür aber eisige Nächte in den Wäldern des Truppenübungsplatzes Hammelburg bei Würzburg habe ich schon als Rekrut im Jahre 1936 erlebt. Damals hatten die alten, erfahrenen Soldaten der Reichswehr ihre speziellen Methoden, die mir allerdings sehr unrealistisch und im Ernstfall eher hinderlich als hilfreich vorkamen. Auf einem Blech hatten sie ein Feuer entfacht und die entstandene Glut unter den Motor geschoben. Dies konnte man notfalls schnell herausziehen, hatte der Wind das Feuer wieder entfacht. Waren dann mit viel Mühen und unendlichem Kurbeln einige Fahrzeuge angesprungen, so konnte man mit ihnen die übrigen störrischen Böcke herumziehen, bis endlich die ganze Kompanie marschbereit war.
Wie man so etwas unter Zeitmangel, bei Feindeinsicht oder unter Beschuß veranstalten wollte, war mir aber nie recht klar. Und Lehren hatte man wohl kaum daraus gezogen, sonst hätte uns der erste Winter in Rußland nicht solch unendlich große Schwierigkeiten bereiten können.
Meine Division war damals, 1941, beim Fall der ersten Schneeflocken aus der Ukraine nach dem sogenannten Bayerisch-Sibirien, dem Truppenübungsplatz Grafenwöhr, verlegt worden, so daß wir nochmals recht glimpflich davongekommen sind und deshalb auch gerne auf den „Gefrierfleischorden", das Winterkriegsabzeichen, verzichtet haben.
Auch in Rußland kannte man die Probleme, Fahrzeuge bei größter Kälte in Betrieb zu nehmen. Damals wurde mir von Lanz-Bulldogs erzählt, die oft als die einzigen Fahrzeuge ganzer Einheiten ohne große Probleme gestartet wurden, waren die Nächte auch noch so kalt.
Bulldogs als Militärfahrzeuge gab es schon zu Friedenszeiten vor dem Krieg. Dies dürfte vor allem dem Flugplatzpersonal bekannt gewesen sein, denn auf Flugplätzen setzte man schon damals Verkehrs-Bulldogs mit Seilwinden ein, um Flugzeuge aus schwierigem Gelände herauszuziehen. Sogar in den Kraftfahrdienstvorschriften HDV und LDV waren Schnittbilder von Bulldog-Motoren und die Bulldog-Raupe zu sehen.
Alle Bulldogtypen waren ab etwa 1926 serienmäßig für den Winterbetrieb eingerichtet. Allein schon die Heizlampe sorgte für einen einwandfreien Zündvorgang, doch dies war nichts Besonderes, denn man brauchte sie ja das ganze Jahr über. Etwas ganz Unübliches war jedoch die Ölverdünnung seitlich am Brennstofftank, etwas oberhalb des Zylinders. Dort war ein kleiner Metallbehälter mit Hahn befestigt, der mit einem gefederten Klappdeckel verschlossen wurde. Dieser Behälter war mit einer Rohrleitung verbunden, die auf der Oberseite in den Zylinder hineinführte, etwa in der Mitte des Kolbenhubs.

Hansludwig Huber (links) während des Kriegswinters in Rußland beim Betrachten eines Zündkopfes.

In dieses einen knappen Fingerhut fassende Gefäß goß man nach dem Abstellen des Motors nach und nach etwa 5 cm^3 Petroleum, während man mittels des Lenkrads den Kolben hin und her bewegte. Besonders gründliche Leute schraubten den Zündsack ab oder drehten den Schmelzpfropfen heraus, um den Motor ganz durchdrehen zu können. Hierbei wurde der Ölfilm an Kolben und Zylinderwand verdünnt, wodurch der erkaltete Motor beim späteren Starten leicht anzuwerfen war. Die Soldaten der Luftwaffe taten dazu noch ein übriges. Sie schraubten unten am Kurbelgehäuse den Ölfilter heraus. Die entstandene Öffnung war groß genug, um eine zweite Heizlampe in das Kurbelgehäuse brennen zu lassen, so daß auch das Pleuellager und die beiden Abdichtungsscheiben seitlich der Kurbelwelle vorgewärmt wurden. Diese Teile wurden mit Frischöl geschmiert, das man nicht verdünnte, um auch bei heißem Motor ausreichende Schmierung zu gewährleisten.
Diese Maßnahmen genügten vollauf, um bei größten Kältegraden den Bulldog auch mit geschwächten Batterien oder von Hand sicher zu starten. Bei paraffinhaltigen Brennstoffen konnten mit der Heizlampe dazu die Brennstoffleitungen, die Einspritzpumpe und das Düsenoberteil angewärmt werden.
Diese angewandte Art der Ölverdünnung war völlig ungefährlich, denn es wurde ja nur der Ölfilm im Zylinder verdünnt. Unmittelbar nach dem Anlaufen des Motors bekam der Kolben wieder unverdünntes „Altöl" zugeführt.
Im Gegensatz dazu war bei den übrigen Kraftfahrzeugen die angewandte Verdünnung des gesamten Öls durch Benzin sehr bedenklich und oft schädlich, denn es dauerte sehr lange, bis der Leichtkraftstoff verdampft war.
Erst im zweiten Ostwinter 1942/43 waren endlich auch die übrigen Fahrzeuge wie LKWs und Panzer mit Heizlampen winterfest ausgerüstet worden.
Warum nicht gleich so? Die Schwierigkeiten kannte doch jeder!
Statt der Maxime „Schwierigkeiten sind da, um überwunden zu werden", sollte es besser heißen „um vermieden zu werden".
Als Truppeningenieur hatte ich beispielsweise im Frühjahr 1941 kleine leichte Treppen bauen lassen, damit Werkstattwagen und Küchenfahrzeuge mühelos bestiegen werden konnten, doch der Bataillonskommandant fand sie unsoldatisch und verbot sie kurzerhand. Dies allerdings hinderte mich nicht daran, die Treppchen trotzdem fertigstellen zu lassen. Später würde man die Zweckmäßigkeit schon einsehen, dachte ich, und dies traf dann auch voll zu. Ähnlich wird es mit dem Winterbetrieb der Fahrzeuge gewesen sein. Die Firma Lanz indes erleichterte ihren Kunden das Leben erheblich, indem sie in der Betriebsanleitung in Wort und Bild auf die Ölverdünnung hinwies.
Zu den Bulldogs, die einst als reguläre Truppenfahrzeuge erworben wurden, kamen im Osten zahlreiche eisenbereifte Bulldogs aus der Neuproduktion für landwirtschaftliche Betriebe in den Heereseinsatz. Für ihre technische Betreuung sollte die Firma Lanz Ingenieure abstellen. Die Firma jedoch gab die Namen der bereits eingezogenen Mitarbeiter an, die diese Aufgabe ja auch übernehmen konnten.
Einer dieser Mitarbeiter war ich. Damals 50 km südlich des Polarkreises bei Kiestinki stationiert, erhielt ich den Versetzungsbefehl.
Doch erst nach der Einarbeitung meines Nachfolgers, der wochenlang auf sich warten ließ, konnte ich schließlich meine weite Versetzungs-

reise antreten. Sie begann am 10. Dezember 1942, und am ersten Weihnachtsfeiertag traf ich schließlich in Stalino im Donezgebiet ein. Doch beim dortigen Kraftfuhrpark wußte man nichts von meinem Erscheinen, so daß tagelanges Warten folgte.
Anfang Januar erreichte mich dann ein neuer Versetzungsbefehl nach Mineralniwody am Kaukasus. Inzwischen aber war Stalingrad längst hoffnungslos eingeschlossen, deshalb ließ man mich nicht weiter, ich wäre ohnehin in den Rückzug aus dem Kaukasus geraten.
Unter den im Lager als reparaturbedürftig abgestellten Fahrzeugen in Stalino stand auch ein Bulldog, doch kam ich nicht mehr dazu, mich um diesen zu kümmern, denn bald schon mußte ich zurück in den Raum Schitomir. Aus dem Einsatz als Bulldogingenieur, auf welchen ich mich so gefreut hatte, wurde leider nichts mehr, denn mein neues Aufgabengebiet war der Umbau von LKWs auf Holzgasbetrieb. Doch kaum begonnen, wurde ich nach wenigen Tagen nach Mannheim ins Werk beordert, um an einem Bulldogkurs teilzunehmen. Außer mir als ehemaligem Konstrukteur war noch Ing. Eisenmenger, ein Angehöriger unseres Kundendienstes, gekommen. Gegen Kursende beantragten wir beide eine Ausrüstung mit Ersatzteilen, Spezialwerkzeugen und je einen LKW, was uns auch genehmigt wurde. Dazu hatte die Firma Bedienungsanleitungen, Ersatzteillisten und große farbige Schnittbilder in russischer Schrift herstellen lassen, die wir uns in genügender Anzahl besorgten. Schließlich waren nur noch die LKWs zu liefern, die wir mit Aufbauten versehen und zweckmäßig einrichten wollten.
Doch statt dessen erreichte uns unsere Frontabstellung. Die vom Heer genutzten landwirtschaftlichen Bulldogs waren an die Zivilverwaltung übergegangen, für die wir damals noch zu jung waren.
Ich kam mit einer neu aufgestellten Sturmgeschützeinheit in den Brückenkopf Nikopol, der jedoch bald darauf aufgegeben werden mußte. Mit einem Schwimmwagen nebst Fahrer war ich noch im Brückenkopf geblieben, um eine Abschleppaktion in Gang zu bringen. Auf der Ostseite des Dnjepr fuhren wir zwei des Nachts völlig einsam im Niemandsland flußaufwärts. Nur noch gelegentlich an Flußübergängen traf man unsere Soldaten. Ich hatte die Windschutzscheibe heruntergeklappt und mit der Maschinenpistole im Anschlag angespannt in die Nacht lauschend fuhren wir einen Feldweg dahin. Plötzlich hielt mein Fahrer erschreckt an und rief „Panzer". Es konnten eigentlich nur Russen sein. Nun hörte ich auch das Geräusch, aber mit großer Erleichterung: es war der wohlbekannte Bulldog-Klang. Der Ton wurde stärker, Funken stoben in die Nacht und schließlich sahen wir auch den Schlepper, der einen schwerbeladenen Ackerwagen zog. Ein Landwirtschaftsführer, der seine Arbeitsstelle hatte verlassen müssen, war einsam unterwegs. Ohne Hilfe und Schutz war er mit seinem eisenbereiften Bulldog auf der Suche nach einem noch offenen Flußübergang. Wir waren wenige Kilometer vorher daran vorbeigekommen und konnten ihm seine Hauptsorge nehmen. Schnell verklang das Bulldoggeräusch hinter uns, auch der Funkenflug aus dem Auspuff wurde bald von der Nacht verschluckt. Gegenüber dem einsamen Mann fühlten wir uns nun mit MP und schnellem Wagen machtvoll bewaffnet. Trotzdem waren wir sehr erleichtert, als im Morgengrauen die ersten Häuser von Nikopol-Ost auftauchten. Auch hier war kein Mensch zu sehen, erst in Brückennähe trafen wir wieder unsere Truppen an. Schnell stellte sich heraus, daß unser Auftrag unerfüllbar war, der Rückzugtrubel wurde immer stärker und gegen Mittag war die Brückenzufahrt kilometerweit verstopft, manchmal kamen ein paar russische Schlachtflieger und schossen in den Stau. Wir untersuchten deshalb unseren VW-Schwimmwagen in einem Altwasser auf Dichtheit, und nach sorgfältigem Studium der Schwimmvorschrift wagten wir die Überfahrt, zuerst des Altwassers, dann des breiten Stromes.
Am nächsten Tag, auf der sicheren Westuferseite fahrend, sahen wir Landwirtschaft-Bulldogs verlassen stehen, die Einspritzpumpen ausgebaut. Nun ging es uns genauso wie den Russen anno 1941. Sie hatten beim Rückzug alle Verteilerfinger aus den Zündanlagen entfernt, wenn sie ihre Fahrzeuge im Stich lassen mußten.
Schließlich fanden wir unsere Einheit wieder, d. h. zuerst ein einsam liegengebliebenes Sturmgeschütz mit Besatzung. Der Leutnant klagte, er stehe mit dem Geschütz unbeweglich wie eine Zielscheibe in Feindsicht und niemand könne ihn abschleppen. Ich schlug ihm vor, es mit einem Bulldog zu versuchen, wenn ich nur eine Einspritzpumpe ergattern könnte, doch nichts fand sich. Schließlich erfuhren wir, daß auf der Feind-

seite, nicht allzuweit vom Strom entfernt, ebenfalls Bulldogs standen, vielleicht hatten sie noch ihre Pumpen. Von den Russen war nichts zu sehen und zu hören und so wagten wir nochmals den Übergang mit unserem Schwimm-VW. Zum Schutz während der Arbeit nahmen wir von den Geschützleuten noch einen beherzten Mann mit. Nach einiger Suche fanden wir dann auch die Bulldogs, von welchen einer noch seine Pumpe hatte. Schnell war sie ausgebaut, die Wasserfahrt glücklich bewältigt und ein Bulldog in Gang gesetzt. Das Sturmgeschütz stand leicht abschüssig und mit dem Eisenstollen-Bulldog konnten wir es im kleinsten Gang in Bewegung setzen und außer Feindsicht bringen. Ein weiterer Transport aber war nicht möglich, der Bulldog war zu schwach. Ich wollte ihn später trotzdem mit der Einheit mitführen, während der Schlammperioden konnte er uns viel nutzen. Eine Gummibereifung war nicht aufzutreiben, auch genügten die drei Ackergänge nicht und unseren Tieflader hatten wir leider drüben lassen müssen. So mußte ich mit großem Bedauern den Bulldog aufgeben. Auch wir nahmen die Einspritzpumpe und sogar die Düse heraus, vielleicht ergab sich wieder einmal eine Gelegenheit, sie zu verwenden. Das Schicksal aber hatte etwas anderes mit mir vor und brachte mich noch auf viele Wege. Zuerst auf die Krim, dann in die Lemberger Gegend zur Ersatzteilbeschaffung für die Krim-Panzer. Schließlich südlich der Karpaten angelangt, zwei Wochen vor dem Zusammenbruch in Rumänien, wurde ich nach Burg bei Magdeburg versetzt. Von dort trieb es mich nach Erlangen, wo ich den schon seit langer Zeit beantragten Heiratsurlaub nach Wasserburg am Inn erhielt. Die Amerikaner standen zu der Zeit vor Würzburg. Man denke: einen Monat vor Kriegsende, bei strikter Urlaubssperre, war das Heiraten noch eine kriegswichtige Angelegenheit! Nach dem Urlaub schickte mich die Leitstelle München zum dortigen Kraftpark. Dieser hatte in Weilheim eine Stelle vorgesehen, die liegenbleibende Fahrzeuge wieder flottmachen sollte. Und siehe da, zwei Wochen vor Kriegsende erhielt ich einen gummibereiften Sechsgang-Bulldog nebst Einachsanhänger. Damals wußte ich nicht recht, ob ich meine ganze Liebe dem Bulldog oder Anhänger widmen sollte, denn der Anhänger war geradezu sagenhaft mit nagelneuem Werkzeug ausgestattet. In Schubladen und Kasten waren Gewindeschneider, elektrische Bohrmaschine mit Ständer, ein Dynamoaggregat, ein kleines Gasschweißgerät und Dutzende anderer Dinge säuberlich eingeordnet. Lediglich die Bulldogheizlampe fehlte, doch im Augenblick brauchte ich sie noch nicht. Die Durchgangsstraße in Weilheim führt direkt an jener KFZ-Werkstatt vorbei, wo mein Bulldog stand. An einem schönen Tag bei Frühlingssonnenschein stand ich neben dem Bulldog und beobachtete den Verkehr. Mit einemmal fiel mir ein kleiner LKW auf, der einen selbstgebauten Kastenaufbau hatte, geradeso, wie wir es uns bei Lanz im Bulldogkurs vorgestellt hatten. Aber auch den LKW-Leuten schien der Bulldog aufzufallen, denn sie fuhren plötzlich langsamer. Nun erkannte ich Ing. Eisenmenger vom Bulldogkurs und er mich. Welch ein unglaublicher Zufall! Herr Eisenmenger war nach kurzem Einsatz bei der Truppe doch noch als Bulldogbetreuer eingesetzt worden. Nun war er unterwegs, um seine wertvollen Ersatzteile und Werkzeuge in Sicherheit zu bringen und irgendwie dem Krieg zu entkommen, denn die Amerikaner bewegten sich schon auf München zu. Eine Heizlampe hatte er für mich auch parat, dann trennten wir uns mit den besten Wünschen wieder.
Der Bulldogbetrieb in Weilheim ging zu meinem Bedauern genauso schnell zu Ende, wie er begonnen hatte. Noch am gleichen Abend brachte mich ein Motorradfahrer wieder zurück zum Kraftfahrpark und mir blieb nur noch ein trauriger Blick zurück zum Bulldog und dem Anhänger.

Nachruf

Am 14. April 1942 verstarb Dr. Ing. Dr. rer. nat. h.c. Fritz Huber nach kurzer, schwerer Krankheit im Alter von 61 Jahren, nur ein paar Monate nach seinem 25jährigen Betriebsjubiläum. Durch seine Tatkraft, seinen unermüdlichen Fleiß und seinen Erfindergeist brachte er es bis zum Fabrikdirektor.
Eigentlich wollte Fritz Huber seine Firmenzugehörigkeit im 60. Lebensjahr beenden, um wieder in seine Heimat nach Wasserburg am Inn überzusiedeln, wo er in der Nähe den schönen Gutshof „Straß“ erwerben wollte. Sein Wunsch war es, eine Erprobungsstelle für Schlepper und Landmaschinen einzurichten, wobei der Gutshof dann der Stadt Wasserburg vermacht werden sollte.
Doch wie so vieles brachte der Krieg auch diese

Pläne zum Scheitern. Der Gutshof war nicht mehr zu verkaufen und überdies war Fritz Huber gezwungen, seine Tätigkeit bei Lanz fortzusetzen, bedingt durch den Einzug vieler Soldaten und den dadurch entstandenen Personalmangel qualifizierter Mitarbeiter.
Schon zu den Zeiten der Feierlichkeiten seiner 25jährigen Betriebszugehörigkeit im September 1941 war Fritz Huber schwer erkrankt, doch seine Krankheit wurde als Gallenleiden diagnostiziert. Eine Verschlimmerung des Leidens machte Anfang 1942 einen Krankenhausaufenthalt notwendig, wo dann eine Metastase in Lebernähe entfernt wurde. Dieser Eingriff brachte das Unfaßbare ans Licht. Die Ärzte mußten feststellen, daß die Leber unheilbar erkrankt war. Die Lebenserwartung war auf wenige Wochen gesunken. Doch Fritz Huber war noch voller Hoffnungen, so schrieb er in seinem letzten Brief vom 21. März an seinen Bruder:
„Heute ist nun der Arzt von seinem kurzen Landaufenthalt zurückgekommen und ich habe ihn gefragt, was denn eigentlich los sei mit mir und was der Röntgenbefund ergeben habe. Er sagte, das Ganze sei ein zu dem alten Gallenleiden zusätzlicher Magenkatarrh und der müsse eben jetzt ausgeheilt werden und dazu sei der Aufenthalt im Krankenhaus notwendig, umsomehr, weil draußen die entsprechenden Nahrungsmittel nicht zur Verfügung stehen."
Erst in den letzten Stunden hatte Fritz Huber wohl um seinen Zustand gewußt, denn er hatte noch kurz vor seinem Tod mit seinem Bruder über notwendige Angelegenheiten gesprochen. Dann ist er des Nachts im Schlaf gestorben.
Da das Begräbnis in seiner Heimatstadt Wasserburg am Inn stattfinden sollte, wurde in Mannheim eine große Aussegnungsfeier vorgenommen, begleitet von zahlreichen Ansprachen, darunter von Direktor Dr. Ehlers und Obering. Anton Lenz.
Anschließend erfolgte die Überführung mit der Eisenbahn. Neben den Familienangehörigen nahmen der Bürgermeister und die Stadträte sowie sein Nachfolger Anton Lenz und seine Sekretärin Liesel Edelblut, dazu Herren aus der Geschäftsleitung und aus verschiedenen landtechnischen Forschungsanstalten an den Beerdigungsfeierlichkeiten teil.
Wenige Monate nach dem Tod ging die ehemalige Wohnung von Fritz Huber durch Kriegseinwirkung in Flammen auf. Dies ist ihm erspart

geblieben, ebenso blieb seine sorgfältig zusammengestellte Wohnungseinrichtung erhalten, da die Wohnung nach dem Tod aufgelöst worden war.
Noch im Todesjahr konnte der 100000. Lanz-Bulldog das Werk Mannheim verlassen. Diesen Triumph zu feiern, durfte er leider nicht mehr erleben.
In einer Gruft im Altstadtfriedhof liegt Fritz Huber zusammen mit anderen Familienangehörigen begraben. Da die Stadt Wasserburg diese Stätte als Ehrengrab auswies und sich zum Erhalt auf die Dauer verpflichtete, kann sie auch heute noch besucht werden.

Neue Bulldogs mit 30 und 38 PS

Die Entwicklung der „10-Liter-Bulldogs" wurde ebenfalls weitergeführt. Im Prinzip bauten sie auf den Erfahrungen der 15/30-Serie, doch wegweisend waren die neuen Konstruktionsmerkmale der 12/20-HN-2-Bulldogs.
Großen Einfluß hatte natürlich auch bei dieser Entwicklung die Rohstoff-Proklamation und deren Auswirkungen, wie sie beim 20-PS-Bulldog von 1935 bis 1937 beschrieben wurde. Diese Umstände brachten es mit sich, daß sich die Bulldogs aller PS-Klassen in Aussehen und Technik immer ähnlicher wurden. So wurde etwa das

Steigrohr aus Guß hergestellt, die Beschriftung war noch unverändert, am Wasserkasten konnte man „Bulldog“ und am Steigrohr „Lanz“ lesen. Der Lüfterantrieb samt Regler und Reglerschwungrad wurde auf die Auspuffseite verlegt, Kupplung und Riemenscheibe kamen auf die rechte Seite. Da die Einspritzpumpe weiterhin auf der rechten Zylinderseite montiert war, fehlte nun auch hier der Antrieb vom Reglerexzenter auf den Pumpenstößel, der künftig von der Daumenwelle übernommen wurde.
Der vereinfachte Bosch-Öler wurde von seinem bisherigen Platz ganz entfernt und zwischen dem linken Schwungrad und dem Kurbelgehäuse, direkt unter der Kurbelwelle plaziert. Der Antrieb erfolgte über einen Schneckentrieb von der Kurbelwelle. Die Ölversorgung beschränkte sich auf vier Schmierstellen: rechtes und linkes Hauptlager, Pleuellager, sowie Kolben mit dem Kolbenbolzen. Über eine Zahnradpumpe, deren Antrieb von der Drehrichtungsanzeiger-Schneckenwelle abgenommen wurde, konnte das im unteren Teil des Kurbelgehäuses zusammengelaufene Öl in den Ölbehälter zurückgepumpt werden, bevor es nach gründlicher Filterung erneut in den Ölkreislauf gelangte. Zur Schmierung weiterer Motorenteile wurde der „Docht-Öler“ eingebaut, dessen Vorratsbehälter im Wasserkasten untergebracht war.
Weitere technische Änderungen der neuen HR-Bulldogreihe sollen hier aber nicht mehr erörtert werden, sofern sie nicht das Aussehen der Bulldogs verändert haben, wie etwa durch die Neugestaltung des Fahrraums.
War dieser Raum bei den 15/30-Typen seitlich noch durch aufwendig und teuer hergestellte Muschelkotflügel zu den Hinterrädern abgegrenzt und nach vorne bis zur Tankrückwand offen, so hatte man dies jetzt so gelöst wie beim Bulldog HN 2. Einfache und billige Seitenbleche mit leichten Radiusandeutungen über den Hinterrädern trennten nun den Fahrraum nach rechts und links ab. Diese Seitenbleche waren, ausgenommen bei Verkehrs- und Eil-Bulldogs mit durchgehender Sitzbank, nach hinten so abgerundet, daß der Radiusmittelpunkt etwa dem der Hinterräder entsprach. Nach vorne fügten sich diese Seitenbleche harmonisch an die neuentwickelte Armaturenwand an, in der fortan der Drehrichtungsanzeiger und der Fußbremsschalter untergebracht waren. Auch das Lenkrad wurde durch die Armaturenwand geführt. Der teils freie und teils vom Luftfilter beanspruchte Raum hinter der Armaturenwand hin zur Tankrückwand war nun durch eine in der Außenform dem Tank angepaßten Motorhaube verdeckt, an dessen linker Seite ein langes Luftansaugrohr befestigt war. In dem neugeschaffenen abschließbaren Raum fanden künftig Heizlampe und Ölkanne ihren Platz; bei Bulldogs mit elektrischer Ausrüstung auch Batterie, Zündspule, Boschhorn, Sicherungsdose und der Schaltkasten.
Nach unten wurde der Fahrraum durch eine einfache und über die ganze Fläche reichende stabile Riffelblechplatte abgeschlossen. Dies war möglich geworden, nachdem auch das Getriebegehäuse vereinfacht und nach oben völlig eben gearbeitet worden war. Beim Vorgänger war der Boden nach unten noch völlig frei.
Diese Bulldogs wurden zunächst in zwei PS-Klassen angeboten: der HR 7 mit 30 PS und der HR 8 mit 38 PS, wobei die Leistung als „Normale Dauerleistung“ angegeben worden war.
Der Kolbenhub von 260 mm und die Zylinderbohrung von 225 mm Durchmesser hatte man unverändert übernommen, ebenso die Drehzahlen von 540 U/min beim 30-PS-Bulldog und 630 U/min beim 38-PS-Bulldog.
Der Achsabstand von Achsmitte zu Achsmitte wurde vergrößert. Waren es beim 15/30-PS-Bulldog noch 1864 mm, so waren es jetzt 1977 mm und beim großen Bulldog 2036 mm, ausgenommen Verkehrs- und Eil-Bulldogausführungen, bei welchen der Achsabstand in beiden PS-Klassen auf lediglich 1940 mm erweitert wurde.
Weitere Unterscheidungsmerkmale zeigte die Riemenscheibe mit einer Breite von 170 mm beim 30-PS-Bulldog und 190 mm beim 38-PS-Bulldog. Ebenso verfügte der 38-PS-Bulldog über den Stufenregler, der die gedrosselte Motordrehzahl von 540 U/min erlaubte.
Wie von der HN-Reihe gewohnt, so wurden auch die Bulldogs der HR-Reihe in verschiedenen Ausführungen angeboten, wobei am Anfang der billige Acker-Bulldog stand.
Zu seiner Grundausrüstung zählte die einfache Bauweise mit Dreigang-Getriebe, Eisenbereifung, ungefederter Vorderachse, Handbremse und Handgas, dazu eine gefederte Anhängevorrichtung und eine über die ganze Bulldogbreite reichende Ackerschiene.
Die Zapfwelle wurde als Sonderzubehör geliefert. Ebenso konnten eine elektrische Ausrüstung

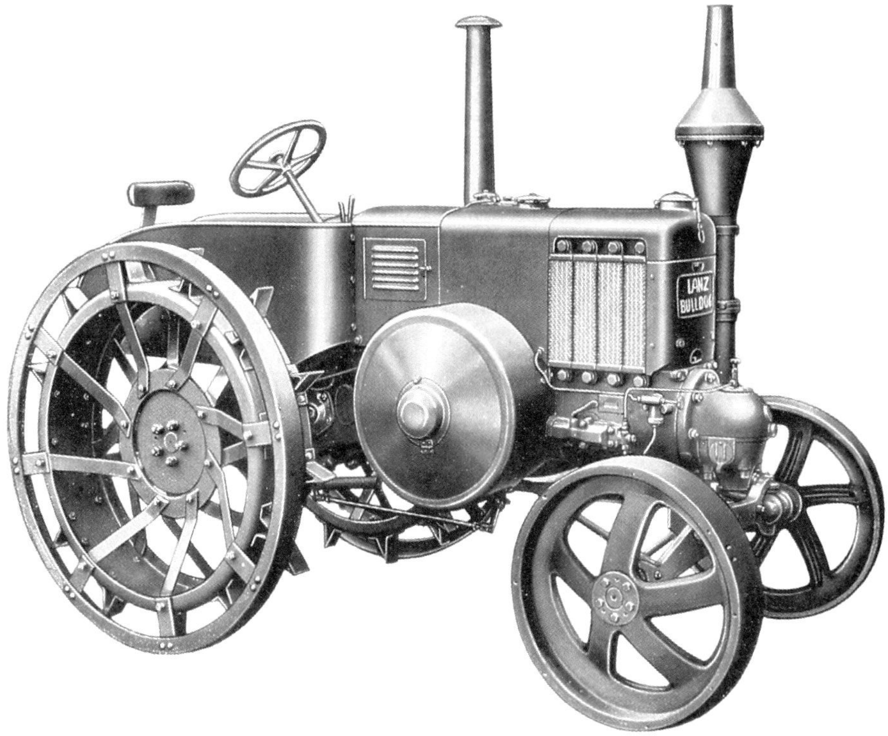

Der Acker-Bulldog, hier schon in seiner neuen Form!

Ein seltenes Stück: Der Teeröl-Bulldog mit 47 PS.

Der Kombi-Bulldog mit 30 PS.

und eine elektrische Anlaßzündung geliefert werden, wobei bei diesem Lieferumfang der Bulldog mit einer anderen D-Nummer versehen war.
Der Ackerluft-Bulldog stand als erweiterte Ausführung zum wechselseitigen Einsatz auf Acker und Straße zur Verfügung. Er war mit einer gefederten Vorderachse, Luftbereifung und Sechsgang-Getriebe ausgerüstet. Ebenso verfügte er über eine als Trommelbremse ausgeführte Fußbremse und Fußgas, dazu eine elektrische Ausrüstung. Die Anlaßzündung wurde auf Wunsch geliefert.
Folgende Fahrgeschwindigkeiten konnten mit dem Ackerluft-Bulldog erreicht werden, wobei die Angaben der unteren Gruppen denen der Acker-Bulldogs entsprachen.

	30 PS	38 PS	
	540 U/min	540 U/min	630 U/min
1. Gang	= 3,5 km/h	2,8 km/h	3,3 km/h
2. Gang	= 4,7 km/h	3,7 km/h	4,4 km/h
3. Gang	= 6,2 km/h	5,0 km/h	5,8 km/h
Rückwärts	= 4,4 km/h	3,5 km/h	4,1 km/h
4. Gang	= 10,0 km/h	8,1 km/h	9,4 km/h
5. Gang	= 13,2 km/h	10,7 km/h	12,6 km/h
6. Gang	= 17,7 km/h	14,3 km/h	16,7 km/h
Rückwärts	= 12,6 km/h	10,1 km/h	11,9 km/h

Wie schon in der Baureihe der 15/30-Bulldogs ein reiner Teeröl-Bulldog mit 24/40 PS Leistung angeboten wurde, so bot die Firma auch in dieser Baureihe ein solches Fahrzeug an. Unter der Nr. D 9500 wurde er mit entsprechender Ausrüstung mit 40 PS normaler Dauerleistung hergestellt. Wie aus der D-Nummer zu sehen ist, wurde der Teeröl-Bulldog nur als Dreigang-Acker-Bulldog geliefert, somit entsprachen Lieferumfang und Fahrgeschwindigkeiten auch dem Acker-Bulldog.
Weiter stand der Kombinations-Bulldog zur Auswahl. Er wurde oft auch der „einfache Verkehrs-Bulldog“ oder „Dresch-Bulldog“ genannt. Sein Einsatzgebiet war weniger die Arbeit auf dem Feld, als vielmehr Transport und Antrieb größerer Maschinen wie etwa Dreschmaschinen und dergleichen. Deshalb wurde er mit der herkömmlichen Hochelastikbereifung geliefert oder auf Wunsch und gegen Aufpreis auch mit der etwas teureren Luftbereifung, wobei die Reifen dann mit Straßenprofil versehen waren. Die übrige Ausrüstung dieses Bulldogs entsprach der des Acker-Luft-Bulldogs. Er wurde aber im Gegensatz zu diesem nur mit einer elektrischen Anlaßzündung geliefert.
Folgende Fahrgeschwindigkeiten wurden mit dem Kombi-Bulldog erreicht:

	mit Elastikbereifung		mit Luftbereifung	
	540 U/min	630 U/min	540 U/min	630 U/min
1. Gang	= 3,0 km/h	3,6 km/h	3,2 km/h	3,8 km/h
2. Gang	= 4,1 km/h	4,7 km/h	4,3 km/h	5,0 km/h
3. Gang	= 5,4 km/h	6,3 km/h	5,8 km/h	6,7 km/h
Rückwärts	= 3,6 km/h	4,5 km/h	3,8 km/h	4,5 km/h
4. Gang	= 7,7 km/h	9,0 km/h	8,2 km/h	9,5 km/h
5. Gang	= 10,3 km/h	12,0 km/h	10,9 km/h	12,8 km/h
6. Gang	= 13,7 km/h	15,9 km/h	14,5 km/h	17,0 km/h
Rückwärts	= 9,7 km/h	11,3 km/h	10,3 km/h	12,1 km/h

Die Fertigung dieser Bulldogs reichte bis etwa Anfang des Jahres 1936, dann erfolgte die Umstellung der PS-Angaben von „normaler Dauerleistung“ auf „Höchstleistung über eine Stunde“. Somit wurde aus dem 30-PS-Bulldog der 35-PS- und aus dem 38-PS- der 45-PS-Bulldog. Aus dem 40 PS-Teeröl-Bulldog wurde der 47-PS-Teeröl-Bulldog. Die Produktion war von dieser

Der Verkehrs-Bulldog mit 38, später dann mit 45 PS.

Eine weitere und auch die teuerste Ausführung dieser Bulldogs war der Eil-Bulldog für Eiltransporte und schwere Zugarbeiten für Industrie und Handwerk. Zu seiner Ausrüstung zählte Luftbereifung mit Straßenprofil, gefederte Vorderachse, Auspuff nach unten, Autokotflügel, elektrische Lichtanlage mit Richtungsanzeiger, elektrische Startanlage, Polstersitzbank und ein Getriebe für größere Fahrgeschwindigkeiten. Wahlweise wurde der Eil-Bulldog auch mit einem festen Führerhaus geliefert, ebenso mit einer Druckluftanlage und einer Seilwinde.

Mit diesem Bulldog konnten nachstehende Fahrgeschwindigkeiten erreicht werden:

	540 U/min	630 U/min
1. Gang	= 3,3 km/h	3,8 km/h
2. Gang	= 4,8 km/h	5,6 km/h
3. Gang	= 7,1 km/h	8,3 km/h
Rückwärts	= 4,1 km/h	4,8 km/h
4. Gang	= 10,0 km/h	11,6 km/h
5. Gang	= 14,6 km/h	17,0 km/h
6. Gang	= 21,6 km/h	25,2 km/h
Rückwärts	= 12,6 km/h	14,7 km/h

Umstellung wenig berührt, denn es handelte sich um eine Anpassung an das Bezeichnungsschema der Konkurrenz und war somit aus kaufmännischer Sicht notwendig geworden. Etwa zur gleichen Zeit gelangte die neuentwickelte Scheibenkupplung bei allen HR-Bulldogs zum Einbau und löste die bis dahin verwendete Backenkupplung ab. Diese Kupplung verfügte über weitaus größere Reibeflächen und konnte dadurch bei geringerem Verschleiß größere Kräfte übertragen.

Im Herbst des Jahres 1937 wurde das Äußere des Bulldogs wiederum verändert. Damals wurden die mit leichter Muschelform versehenen Seitenbleche durch gerade und billiger herzustellende Seitenbleche ersetzt. Der Zweck dieser Änderung war eine Kostensenkung von 35 auf 20 Reichsmark pro Seitenblech, ungeachtet der weiteren Kostenersparnis durch den einheitlichen Dachanbau, der mit Einführung dieser Änderung möglich wurde.

Die bisher zur Grundausrüstung des Ackerluft-

Auch diese Kotflügel-Kombination gab es für den Verkehrs-Bulldog, wie das Bild aus einer Zeitschrift von 1936 zeigt.
Quelle: Klaus Borig

Der 30 PS starke Eil-Bulldog mit fester Kabine.

Dieser Bulldog wurde als Exportmodell in den verschiedenen Ausführungen auch mit 44 PS geliefert.

Bulldogs zählende gefederte Vorderachse wurde durch eine ungefederte ersetzt, wie sie bei den Acker-Bulldogs üblich war.
Ebenso änderte man damals die Beschriftung des Bulldogs. War bisher der Wasserkasten mit dem Schriftzug „Bulldog" versehen, so fiel dieser künftig weg. Der Schriftzug „Lanz" auf dem Steigrohr wurde etwas nach oben gerückt, direkt darunter wurde dann der Schriftzug „Bulldog" plaziert. Beide Worte wurden von einem der Schriftdicke entsprechenden Rahmen umrandet. Dieser 12 × 24 cm große Rahmen wurde allerdings nur kurze Zeit beibehalten und dann auf 15 × 31 cm vergrößert.
Ab Februar 1938 ging man in Mannheim daran, die Drehzahl des Bulldogmotors weiter zu erhöhen, diesmal auf 750 U/min. Dadurch konnte die Leistung auf „50 PS normale Dauerleistung" oder „55 PS Höchstleistung über 1 Stunde" gesteigert werden. Mit dieser Maßnahme war es dann gelungen, die Palette der Bulldogs mit einem noch stärkeren Schlepper nach oben abzurunden und den 55-PS-Lanz-Bulldog in das Programm aufzunehmen. Dieser Bulldog wurde in der Ausführung als Acker- oder Ackerluft-Bulldog angeboten. Er erhielt die D-Nummern D1500, D1501, D1502, D1506 und D1507 und entsprach dem Lieferumfang der 35- und 45-PS-Bulldogs. Einen Kombi-Bulldog oder Verkehrs-Bulldog mit 55 PS gab es damals nicht, jedenfalls finden sich keine Unterlagen mehr, durch die die Existenz eines solchen Bulldogs nachgewiesen werden konnte.
Die Ackerluft-Bulldogs aller PS-Klassen waren mit derselben Reifengröße ausgerüstet: vorne 7.00–20 und hinten 12.75–28.
Durch die unterschiedlichen Motordrehzahlen kamen im Getriebe anderszähnige Zahnräder zum Einbau, so daß folgende Fahrgeschwindigkeiten erreicht wurden:

	D 8506	D 9506	D 1506
	540 U/min	630 U/min	750 U/min
1. Gang	3,5 km/h	3,3 km/h	3,6 km/h
2. Gang	4,7 km/h	4,4 km/h	4,8 km/h
3. Gang	6,2 km/h	5,8 km/h	6,4 km/h
Rückwärts	4,4 km/h	4,1 km/h	4,5 km/h
4. Gang	10,0 km/h	9,4 km/h	11,2 km/h
5. Gang	13,2 km/h	12,6 km/h	15,0 km/h
6. Gang	17,7 km/h	16,8 km/h	19,9 km/h
Rückwärts	12,6 km/h	11,9 km/h	14,2 km/h

55 PS
Acker-Bulldog

D 1500

LANZ
D 8669

LANZ

Für schwerste Belastung

55 PS
Acker-Bulldog

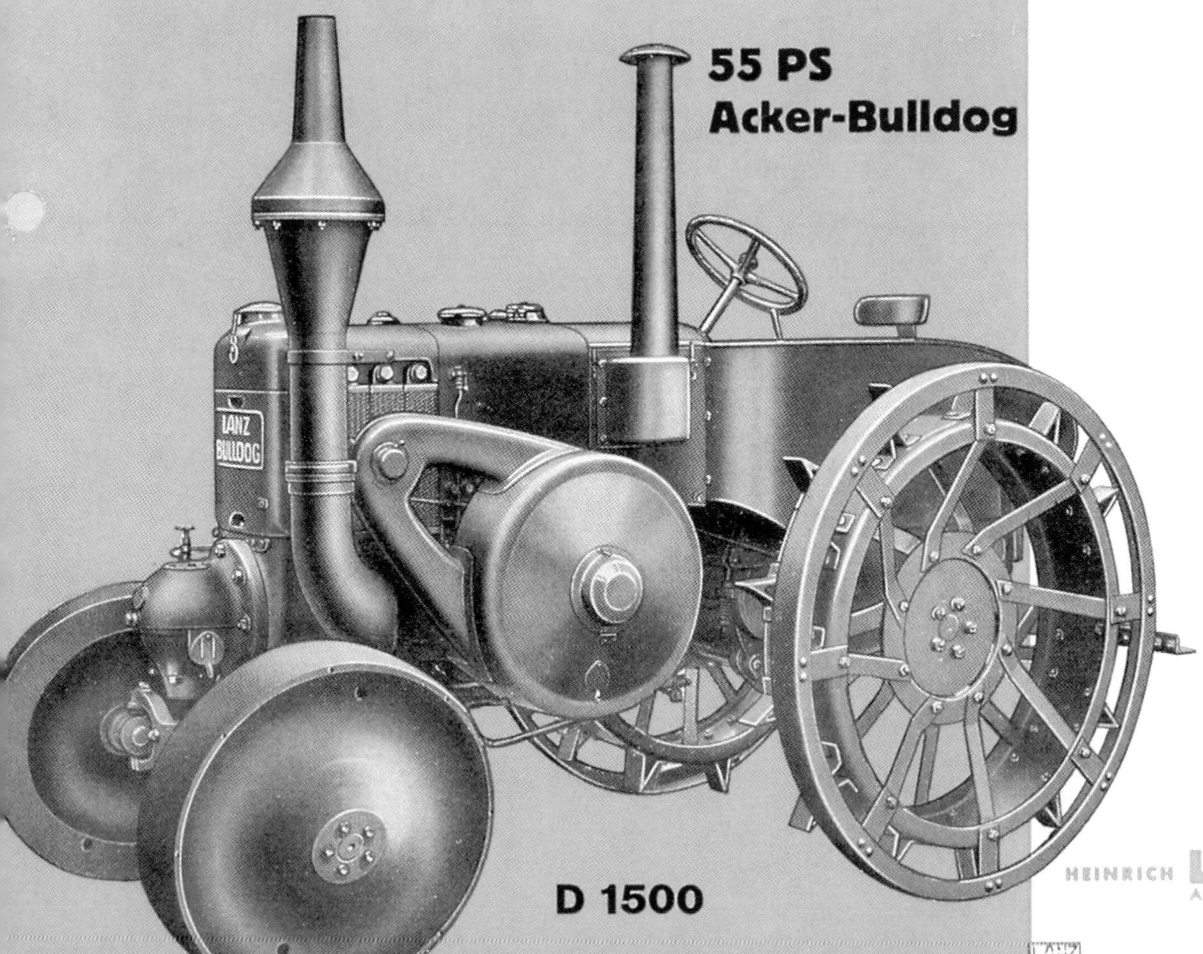

D 1500

LANZ
D 8670

HEINRICH **LANZ** MANNHEIM
Aktiengesellschaft

Technische Anmerkungen in Stichworten

Die HR-7/HR-8-Bulldogs wurden geliefert von Nr. 125.001 bis 150.000, dann ab Nr. 625.001 bis 656.???; ab 1935 bis Anfang 1936 mit 30 bzw. 38 PS „normaler Dauerleistung", danach mit 35 und 45 PS „Höchstleistung über 1 Stunde". Ab Februar 1938 folgte die Erweiterung des Programms durch den 55-PS-Bulldog, ebenfalls mit der Bezeichnung HR 8 versehen.
Zeitweilig wurde der 45-PS-Bulldog auch mit 44 PS als Modell „P" angeboten.
Die als Sonderausrüstung und gegen Aufpreis angebotene Druckluftbremsanlage wurde von der Firma Knorr geliefert, ein Begriff für alle Eisenbahn-Freunde.
Die bis Mitte der dreißiger Jahre im Vordergrund stehenden Bezeichnungen HN und HR sowie die älteren Bezeichnungen HL, HM, HP und HA führten vermehrt zu Verwechslungen zwischen Kunden oder Außendienstmitarbeitern und Werk, so daß der Schwerpunkt mehr und mehr auf die D-Nummern gelegt wurde. Dies ist der Grund für die Vielzahl der verwendeten Nummern, die am Ende des Kapitels in der Tabelle zu finden sind. Innerhalb dieser PS-Klassen gab es noch die Modelle L, N, P, S, J und T, deren Besonderheiten nicht mehr geklärt werden konnten. Ab Bulldog-Nummer 130.642 löste die neuentwickelte große Scheibenkupplung die bisherige Backenkupplung ab. Erstere wurde dann ebenfalls weiterentwickelt, was zum Bau der kleinen Scheibenkupplung führte. Diese kleine Scheibenkupplung kam bei den 35, 45 und 55 PS starken Bulldogs ab Nummer 626.058 zum Einbau.
Der Kompressionsraum wurde zweimal kurz hintereinander verkleinert, einmal durch den Einbau geänderter Zylinderköpfe und das zweite Mal durch das Nichtbearbeiten der Fläche zum Kompressionsraum an diesen Zylinderköpfen. Diese Änderungen traten bei Maschinen ohne Anlaßzündung in Kraft: erste Verkleinerung ab

Backenkupplung

Scheibenkupplung

Nr. 132.987, zweite Verkleinerung ab Nr. 133.595 und bei Maschinen mit Anlaßzündung ab Nr. 133.360 und 133.595. Der Einbau dieser Zylinderköpfe war auch in ältere Maschinen möglich. Danach wurden der kugelige Verbrennungsraum und die für alle PS-Klassen einheitliche Einspritzdüse eingeführt, deren Einbau bei Maschinen ohne Anlaßzündung ab Nr. 132 987 und bei Maschinen mit Anlaßzündung ab Nr. 625.262 vorgenommen wurde.

Anfang 1940 erfolgte der Einbau von Zylinderköpfen mit metrischem Gewinde bei allen Bulldogausführungen der PS-Klassen 35, 45 und 55 PS ab der Nummer 627.178. Beim Einbau dieser Zylinderköpfe gab es keine Zwischenausführungen mit metrischem Gewinde, jedoch weiterhin Zoll-Düsengewinde wie bei den 20- und 25-PS-Modellen.

An dieser Stelle sollte auch erwähnt werden, daß das Zündkerzengewinde bei Bulldogs mit Anlaßzündung sowohl der HR- als auch der HN-Serie nicht geändert wurde.

Auch die Kurbelwelle oder Teile der Kurbelwelle waren damals geändert worden, wie etwa durch den Einbau einer zusätzlichen Exzenterschmierung, einer zusätzlichen Ölringbefestigung oder das Verwenden loser Schleifringe um die Bearbeitung der Kurbelwelle zu vereinfachen.

Ebenso wurden auch die Zusatzgewichte der Kurbelwelle für den Massenausgleich des Kolbens eingespart und über die Schwungräder ausgeglichen. Dies fand noch zu der Zeit statt, als die Bulldogs mit 30 und 38 PS angegeben wurden. Damit das Auswuchten auch außerhalb des Werkes stattfinden konnte, gab man damals folgende Anleitung heraus:

„Jeder Einzylinder-Motor eines Schleppers bedingt ein besonders sorgfältiges Auswuchten um einen möglichst ruhigen Stand des Schleppers zu erzielen. Die durch die hin- und hergehenden Massen des Motors hervorgerufenen Schwingungen der Maschine lassen sich nicht restlos beseitigen.

Durch entsprechendes Auswuchten muß erreicht werden, daß der Schlepper nicht hin- und herschwingt, jedoch ist eine kleine Bewegung bis zu etwa 3 mm zulässig. Diese kleine Schwingung darf sich nicht in einem „Radieren" der Räder auswirken, d. h. sie dürfen am Berührungspunkt mit dem Boden keine Bewegung ausüben; nur der entgegengesetzte Teil der Räder, also der obere, darf schwingen.

Der Schlepper kann auch die Neigung haben, auf- und abzuschwingen. Dies ist weniger nachteilig als das Hin- und Herschwingen, doch soll das Auf- und Abschwingen ebenfalls nur geringfügig sein und sich auf das Schleppervorderteil beschränken. Eiserne Ackerräder, Räder mit Luftbereifung und Räder mit Massiv-Gummibereifung (Elastikbereifung) üben auf die Massenkräfte und damit auf den Stand des Schleppers eine verschiedene Wirkung aus. Es ist daher mitunter bei der Auswechslung der an der Maschine befindlichen Räder gegen solche anderer Art ein erneutes Auswuchten des Motors erforderlich. Jeder Schlepper wird im Werk bei Normaldrehzahl ausgewuchtet. Nachträgliche Änderung der Drehzahl durch Verstellen des Reglers können den ruhigen Stand der Maschine beeinträchtigen. Mitunter ist ein erneutes Auswuchten des Motors erforderlich, wenn ein Leichtmetallkolben durch einen Perlitgußkolben ersetzt wird.

Anleitung für das Auswuchten: (s. Skizze S. 123)

1. *Der Schlepper ist auf festen Untergrund zu stellen (Beton, Pflaster).*
2. *Der Motor ist mit der Normaldrehzahl laufen zu lassen: diese ist zu kontrollieren.*
3. *Wenn die Maschine hin- und herschwingt und die Räder auf dem Boden „radieren", so sind die angebrachten Zusatzgewichte zu schwer und durch leichtere zu ersetzen.*
4. *Schwingt die Maschine an den Hinterrädern auf und ab, so sind die in den Aussparungen vorhandenen Gewichte durch leichtere zu ersetzen oder ganz wegzulassen (dies hängt vom Auf- und Abschwingen des Schleppervorderteils ab) oder Ausgleichsgewichte diametral gegenüber den Aussparungen in den Schwungrädern anzubringen (siehe Skizze 3). Schleift ein zu starkes Flacheisen an dem Schwungradschutz, so ist an der gleichen Stelle, jedoch an der Innenseite des Schwungradkranzes ein ca. 10 bis 15% schweres Gewicht anzuschrauben (siehe Skizze 5).*
5. *Schwingt die Maschine vorn erheblich auf und ab, so sind Ausgleichsgewichte in den Aussparungen der Schwungräder anzubringen (siehe Skizze 2) bzw. die evtl. vorhandenen durch schwerere zu ersetzen.*
6. *Zeigen sich Auf- und Abschwingungen „über Eck", z. B. vorn links und hinten rechts, so ist nur am linken Schwungrad ein Zusatzgewicht in der Aussparung anzubringen bzw. das*

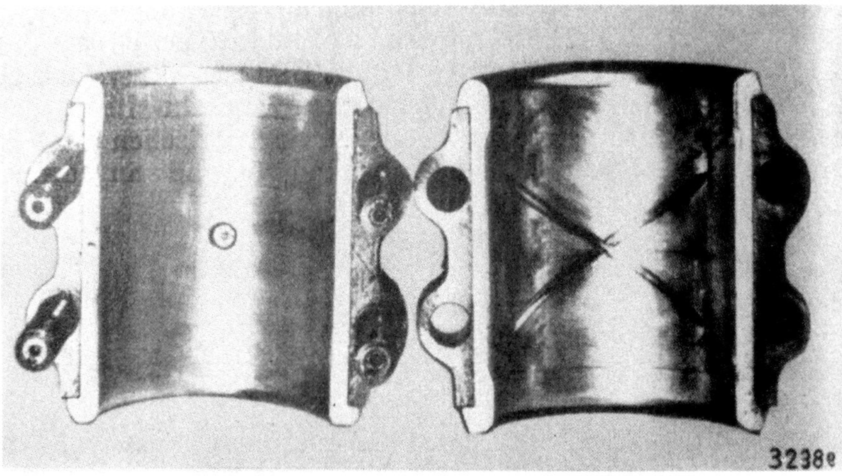

Ein Aluminium-Pleuellager eingeschabt; Laufzeit: 6200 Stunden im 45-PS-Schlepper.

Bezeichnung der Lager	Lieferfirma	Laufzeit in Std. bei 45 PSe u. 630 U/M ohne Ölzuführung		Befund nach dem Lauf
		mit Schleuderring	ohne Schleuderring	
Q 5	Alu-Walzwerk Wutöschingen	16,00 keine Störung	0,45	Lager stark riefig, nicht mehr verwendbar, Zapfen gut.
Q 5	Alu-Walzwerk Wutöschingen	1,00 keine Störung	0,50	wie oben
1601	Karl Schmidt	1,00 keine Störung	0,55	Lager leicht riefig, wieder verwendbar; Zapfen gut.
1566	Karl Schmidt	0,90 gefressen	—	wie oben
y	Karl Schmidt	0,50 gefressen	—	Lager riefig, wieder verwendbar; Zapfen gut.
1599	Karl Schmidt	1,00 keine Störung	0,75	Lager stark riefig, Bund gebrochen, nicht mehr verwendbar, Zapfen gut.
280	Karl Schmidt	0,55 gefressen	—	Lager sehr stark riefig, nicht mehr verwendbar, Zapfen gut.
Lg 40	Junkers	1,00 keine Störung	2,1	Lager leicht riefig, wieder verwendbar; Zapfen gut.
Thermodur	Glyco	1,00 keine Störung	nach 1,45 abgestellt	Lager nicht gefressen, trockener Abrieb.
WM 80	Lanz	1,00 keine Störung	0,60	Metall herausgeschmiert.
Thermit	Goldschmidt	1,00 keine Störung	0,30	Metall herausgeschmiert.

Die Notlaufeigenschaften der Aluminium-Pleuellager; Kurbelzapfen aus STG 46,51, doppel-Duro gehärtet, Einlaufzeit: 6 Stunden.

Benennung	20 PS	25 PS	35 PS	45 PS	55 PS	Bemerk.
Motordrehzahl	750	850	540	630	750	
Lagerbohrung in mm	75,00 ϕ H6	75,00 ϕ H6	90,00 ϕ H6	100,00 ϕ H6	100,00 ϕ H6	
Lagerlänge (tragend) in mm	72,00	72,00	112,00	100,00	100,00	
Spez. Lagerbelastung in kg/cm² bei 28 atü	97,50	90,00	92,60	77,60	68,70	
Kurbelzapfen ϕ in mm	75,00 ϕ e8	75,00 ϕ e8	90,00 ϕ e8	100,00 ϕ e8	100,00 ϕ e8	
Kurbelzapfenlänge in mm	90,00 + 0,02	90,00 + 0,02	130,00 + 0,02	118,00 + 0,02	118,00 + 0,02	
Radiales Lagerspiel in mm	0,16 + 0,22	0,16 ÷ 0,22	0,272 ÷ 0,348	0,272 ÷ 0,348	0,272 ÷ 0,348	
" "	0,06 ÷ 0,12	0,06 ÷ 0,12	0,072 ÷ 0,148	0,072 ÷ 0,148	0,072 ÷ 0,148	
Axiales Lagerspiel in mm	1,00	1,00	1,00	1,00	1,00	
Umfangsgeschwindigkeit in m/sec	2,94	3,33	2,55	3,42	3,93	
Ölmenge in cm³/min	1,00	1,10	1,20	1,35	1,50	Durch Boschöler gefördert

Daten der Aluminium-Pleuellager der Lanz-Bulldogs.

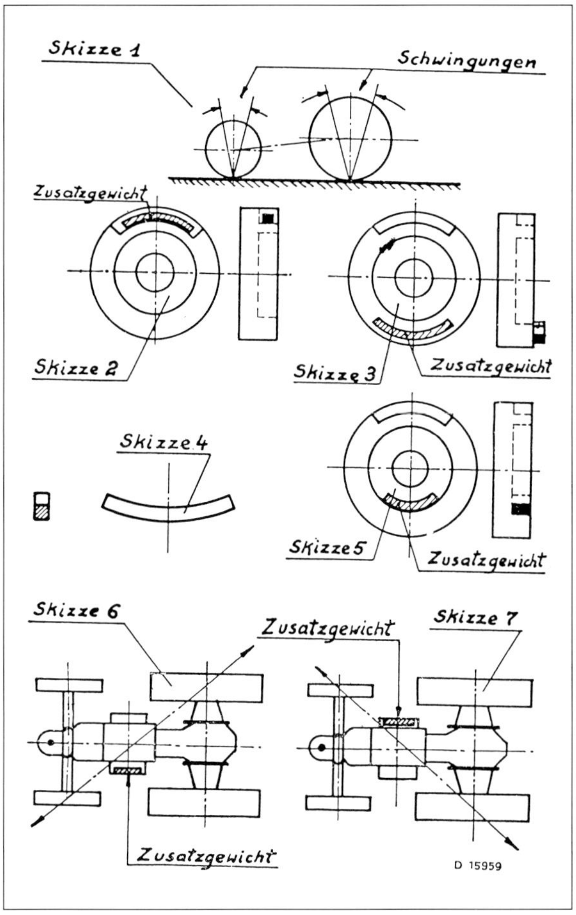

Das Schwingungsverhalten von Bulldogs.

Gewicht eines evtl. vorhandenen zu ändern (s. auch Skizze 3 und 4).“

Im Laufe des Jahres 1939 wurden Kolben eingebaut, die mit einem Zwischenboden aus Blech ausgerüstet waren. Die Befestigungsschrauben des Zwischenbodens waren zunächst mit Draht gesichert. Diese Lösung gab zu erheblichen Defekten Anlaß, so daß die Sicherung der Schrauben künftig von angeschweißten Blechen übernommen wurde. Zwischen Kolben und Zwischenböden wurde damals von Werkseite aus eine Asbestplatte zur Unterbrechung der Verbrennungswärme eingebaut. Doch bald stellte sich heraus, daß diese Asbestplatte je nach Ölfeuchtigkeit aufquoll oder schrumpfte, wodurch sich auch festangezogene Schrauben lösen konnten, oft herausflogen und dadurch große Schäden entstehen konnten. Hier wurde empfohlen, die Asbestplatte zu entfernen und durch einen Anstrich aus Eisenmennige zu ersetzen, auf keinen Fall aber den Zwischenboden Metall auf Metall einzubauen, denn der hatte sich gut bewährt: Das Öl wurde weniger schmutzig und die Wärmeableitung vom Kolbenboden war weit günstiger.

Folgende Maschinen kamen damals mit eingebauter Asbestplatte und Drahtsicherung zur Auslieferung:

146.508, 146.509, 146.524, 146.531–554, 146.556–564, 146.567, 146.569–571, 146.573, 146.574, 146.582, 146.594, 146.596, 146.598, 146.619–621, 146.624, 146.627–628, 627.928–944, 628.304–314, 628.703–752, 629.079–092.

Alle 35-, 45- und 55-PS-Bulldogs erhielten ab Bulldog-Nummer 134.117 einen Auspuff mit erweitertem Querschnitt zur Verminderung des Auspuffwiderstandes. Grund zu Ärgernissen gab es immer wieder, wenn bei Reinigungsarbeiten der Pralltelier im oberen Teil des Auspuffs entfernt und nicht wieder eingesetzt wurde. So sollte die Firma Lanz sogar einmal zu Haftungsansprüchen herangezogen werden, weil durch das Fehlen dieses Pralltellers ein Brand verursacht wurde. Und dies deshalb weil ein Monteur bei Reparaturarbeiten diese vom Fahrer ausgeführte Manipulation nicht nachgeprüft hatte.

Zumindest für Südamerika wurde dieser Bulldog auch als Typ mit 18/35 PS geliefert.

Schlepper-Produktion der HR-7- und HR-8-Bulldogs

	1935	1936	1937	1938	1939	1940	1941	1942	1943	1944
D 8500 - 07	730	1 000	1 725	2 442	3 387	2 236	2 320	2 491	558	399
D 8511 / 18	–	20	–	–	–	–	–	–	–	–
D 8531 / 39	125	105	35	65	20	–	–	–	–	–
D 9500 - 07	1 003	1 506	2 195	2 437	2 039	2 275	2 510	2 658	2 733	1 249
D 9511 / 18	313	137	65	23	45	–	–	–	–	–
D 9531 / 39	798	813	355	188	211	–	–	–	–	–
D 1500 - 07				507	830	615	500	826	373	1

Typenübersicht mit D-Nummern und PS-Angaben

soweit heute noch bekannt

Typ / PS	D-Nummer	Art und Ausführung des Bulldogs	Mai 1936 RM
HR 7 30 PS	D 8500	Acker-Bulldog mit Grundausrüstung bestehend aus: Eisenrädern, ungefederter Vorderachse, Dreigang-Getriebe, Handbremse und Handgas.	5 350,–
HR 7 30 PS	D 8501	Acker-Bulldog mit Grundausrüstung, dazu elektrische Lichtanlage. und Anlaßzündung	5 800,–
HR 7 30 PS	D 8502	Acker-Bulldog mit Grundausrüstung, dazu elektrische Lichtanlage.	5 700,–
HR 7 30 PS	D 8506	Ackerluft-Bulldog mit Grundausrüstung bestehend aus: Luftbereifung vorne 7.00-20", hinten 12.75-28", gefederter Vorderachse, Sechsgang-Getriebe, Hand- und Fußbremse sowie Hand- und Fußgas, elektrischer Lichtanlage und Anlaßzündung.	7 400,–
HR 7 30 PS	D 8507	Ausführung wie D 8506, jedoch ohne Anlaßzündung.	7 300,–
HR 7 30 PS	D 8511	Kombi-Bulldog mit Grundausrüstung bestehend aus: Luftbereifung vorne 30×5, hinten 42×9 oder Elastikbereifung vorne 770×120, hinten 1060×150 doppelt, gefederter Vorderachse, Sechsgang-Getriebe, Hand- und Fußbremse sowie Hand- und Fußgas, elektrischer Lichtanlage und Anlaßzündung. Auf Wunsch Luftdruckbremsen für Luftbereifung und Blitzgreifer für Elastikbereifung.	6 895,– 6 795,–
HR 7 30 PS	D 8512	Ausführung wie D 8511, jedoch ohne Anlaßzündung.	6 795,–
HR 7 30 PS	D 8518	Ausführung wie D 8511, dazu eine Seilwinde.	8 905,–
HR 7 30 PS	D 8531	Eil-Bulldog mit Grundausrüstung bestehend aus: Luftbereifung vorne 30×5, hinten 42×9, gefederter Vorderachse, Sechsgang-Getriebe bis 22 km/h, elektrischer Lichtanlage und Anlaßzündung, Autokotflügeln, Auspuff nach unten, verstellbarer Anhängevorrichtung, Polstersitzbank. Auf Wunsch Luftdruckbremsen.	7 875,–
HR 7 30 PS	D 8538	Ausführung wie D 8531, dazu Seilwinde.	9 885,–
HR 7 30 PS	D 8539	Ausführung wie D 8531, jedoch mit festem Führerhaus.	
HR 8 38 PS	D 9500	Acker-Bulldog mit Grundausrüstung bestehend aus: Eisenräder, ungefederter Vorderachse, Dreigang-Getriebe, Handbremse und Handgas.	6 350,–
HR 8 38 PS	D 9501	Acker-Bulldog mit Grundausrüstung, dazu elektrische Lichtanlage und Anlaßzündung.	6 800,–
HR 8 38 PS	D 9502	Acker-Bulldog mit Grundausrüstung, dazu elektrische Lichtanlage.	6 700,–
HR 8 38 PS	D 9506	Ackerluft-Bulldog mit Grundausrüstung bestehend aus: Luftbereifung, vorne 7.00-20", hinten 12.75-28", gefederter Vorderachse, Sechsgang-Getriebe, Hand- und Fußbremse sowie Hand- und Fußgas, elektrische Lichtanlage und Anlaßzündung.	8 400,–
HR 8 38 PS	D 9507	Ausführung wie D 9506, jedoch ohne Anlaßzündung.	8 300,–

Typ / PS	D-Nummer	Art und Ausführung des Bulldogs	Mai 1936 RM
HR 8 38 PS	D 9511	Kombi-Bulldog mit Grundausrüstung bestehend aus: Elastikbereifung vorne 770×120, hinten 1060×150 doppelt, gefederter Vorderachse, Sechsgang-Getriebe, elektrischer Lichtanlage, Anlaßzündung, verstellbarer Anhängevorrichtung. Auf Wunsch Blitzgreifer oder Luftbereifung.	7495,–
HR 8 38 PS	D 9518	Ausführung wie D 9511, dazu Seilwinde.	9505,–
HR 8 38 PS	D 9521	Verkehrs-Bulldog mit Grundausrüstung bestehend aus: Luftbereifung vorne 30×5, hinten 42×9, gefederter Vorderachse, Sechsgang-Getriebe, elektrischer Lichtanlage, Anlaßzündung, Autokotflügel, Auspuff nach unten, verstellbarer Anhängevorrichtung, Polstersitzbank. Auf Wunsch Luftdruckbremsen, Elastikbereifung.	8375,–
HR 8 38 PS	D 9528	Ausführung wie D 9521, dazu Seilwinde.	10385,–
HR 8 38 PS	D 9529	Ausführung wie D 9521, jedoch mit festem Führerhaus (wurde bei Elastikbereifung nicht geliefert).	
HR 8 38 PS	D 9531	Eil-Bulldog mit Grundausrüstung bestehend aus: Luftbereifung vorne 30×5, hinten 42×9, gefederter Vorderachse, Sechsgang-Getriebe bis 25 km/h, elektrischer Lichtanlage und Anlaßzündung, Autokotflügeln, Auspuff nach unten, verstellbarer Anhängevorrichtung, Polstersitzbank. Auf Wunsch Luftdruckbremsen.	8475,–
HR 8 38 PS	D 9538	Ausführung wie D 9531, dazu Seilwinde.	10485,–
HR 8 38 PS	D 9539	Ausführung wie D 9531, jedoch mit festem Führerhaus.	9.475,–
HR 7 35 PS	D 8500	Acker-Bulldog mit Grundausrüstung. Acker-Luftbereifung.	5085,– 5930,–
HR 7 35 PS	D 8501	Acker-Bulldog mit Grundausrüstung, dazu elektrische Lichtanlage und Anlaßzündung. Acker-Luftbereifung.	5510,– 6355,–
HR 7 35 PS	D 8502	Acker-Bulldog mit Grundausrüstung, dazu elektrische Lichtanlage. Acker-Luftbereifung.	5415,– 6260,–
HR 7 35 PS	D 8506	Ackerluft-Bulldog mit Grundausrüstung.	6815,–
HR 7 35 PS	D 8507	wie D 8506, jedoch ohne Anlaßzündung.	6720,–
HR 7 35 PS	D 8511	Kombi-Bulldog mit Elastikbereifung; Verkehrs-Bulldog mit Luftbereifung 42×9; Verkehrs-Bulldog mit Luftbereifung 350×20.	6895,– 7345,– 7615,–
HR 7 35 PS	D 8518	Kombi-Bulldog mit Elastikbereifung, Seilwinde; Verkehrs-Bulldog mit Luftbereifung 42×9, Seilwinde; Verkehrs-Bulldog mit Luftbereifung 350×20, Seilwinde.	8865,– 9315,– 9585,–
HR 7 35 PS	D 8531	Eil-Bulldog mit Grundausrüstung, Bereifung 42×9; Eil-Bulldog mit Grundausrüstung, Bereifung 350×20.	7875,– 8185,–
HR 7 35 PS	D 8538	Eil-Bulldog mit Grundausrüstung, Bereifung 42×9, Seilwinde; Eil-Bulldog mit Grundausrüstung, Bereifung 350×20, Seilwinde.	9845,– 10155,–
HR 7 35 PS	D 8539	Eil-Bulldog mit Führerhaus, Bereifung 42×9; Eil-Bulldog mit Führerhaus, Bereifung 350×20.	8875,– 9185,–
HR 8 45 PS	D 9500	Acker-Bulldog mit Grundausrüstung, Acker-Luftbereifung.	6035,– 6830,–
HR 8 45 PS	D 9501	Acker-Bulldog mit Grundausrüstung, dazu elektrische Lichtanlage und Anlaßzündung, Acker-Luftbereifung.	6400,– 7260,–
HR 8 45 PS	D 9502	Acker-Bulldog mit Grundausrüstung, dazu elektrische Lichtanlage, Acker-Luftbereifung.	6365,– 7165,–
HR 8 45 PS	D 9506	Ackerluft-Bulldog mit Grundausrüstung.	7765,–
HR 8 45 PS	D 9507	wie D 9506, jedoch ohne Anlaßzündung.	7670,–
HR 8 45 PS	D 9511	Kombi-Bulldog mit Elastikbereifung; Verkehrs-Bulldog mit Luftbereifung 42×9; Verkehrs-Bulldog mit Luftbereifung 350×20.	7495,– 7945,– 8215,–
HR 8 45 PS	D 9518	Kombi-Bulldog mit Elastikbereifung und Seilwinde; Verkehrs-Bulldog mit Luftbereifung 42×9, Seilwinde; Verkehrs-Bulldog mit Luftbereifung 350×20, Seilwinde.	9465,– 9915,– 10185,–

Typenübersicht mit D-Nummern und PS-Angaben

soweit heute noch bekannt

Typ / PS	D-Nummer	Art und Ausführung des Bulldogs	März 1938
			RM
HR 8 45 PS	D 9531	Eil-Bulldog mit Grundausrüstung, Bereifung 42×9, Eil-Bulldog mit Grundausrüstung, Bereifung 350×20.	8475,– 8785,–
HR 8 45 PS	D 9538	Eil-Bulldog mit Grundausrüstung, Bereifung 42×9, Seilwinde; Eil-Bulldog mit Grundausrüstung, Bereifung 350×20, Seilwinde.	10445,– 10755,–
HR 8 45 PS	D 9539	Eil-Bulldog mit Führerhaus, Bereifung 42×9; Eil-Bulldog mit Führerhaus, Bereifung 350×20.	9475,– 9785,–
HR 8 55 PS	D 1500	Acker-Bulldog mit Grundausrüstung, Acker-Luftbereifung.	6555,– 7355,–
HR 8 55 PS	D 1501	Acker-Bulldog mit Grundausrüstung, dazu elektrische Lichtanlage und Anlaßzündung, Acker-Luftbereifung.	6985,– 7780,–
HR 8 55 PS	D 1502	Acker-Bulldog mit Grundausrüstung, dazu elektrische Lichtanlage, Acker-Luftbereifung.	6890,– 7685,–
HR 8 55 PS	D 1506	Ackerluft-Bulldog mit Grundausrüstung.	8290,–
HR 8 55 PS	D 1507	wie D 1506, jedoch ohne Anlaßzündung.	8195,–

Ein 35-PS-Verkehrs-Bulldog

Der 55 PS starke Eil-Bulldog mit festem Fahrerhaus.

Ein neuer Eil-Bulldog mit 55 Pferdestärken

Transporte, eine Dienstleistung ohne sichtbaren produktiven Nutzen, finden tagtäglich statt. Ob in den Städten oder auf dem Land, auf den Straßen und Autobahnen, oder eben schlichtweg auf dem Bauernhof, überall wird transportiert, heute genauso wie vor fünfzig Jahren. Überall, wo etwas gewonnen, hergestellt, verarbeitet, gelagert, überführt oder letztlich zum Verkauf angeboten wird, sind Transporte notwendig. Ganze Unternehmen haben sich darauf spezialisiert, eben solche Dienstleistungen zu bewerkstelligen, um Wirtschaft und Handel damit in Schwung zu halten, denn ohne Austausch von Gütern kann keine Wirtschaft florieren.

Einst, das heißt zu Zeiten vor der Motorisierung, wurden diese Arbeiten von dem guten alten Fuhrmann mit Pferd und Wagen erledigt. Die Erfindung der Dampftraktoren konnte dieses über Jahrhunderte gewohnte Straßen- und Landschaftsbild zunächst wenig verändern, sieht man von der Eisenbahn ab. Erst die Erfindung der Verbrennungsmotoren hatte eine umfassende Änderung innerhalb weniger Jahre zur Folge. Es wurden Schlepper, Zugmaschinen und Lastwagen gebaut, eigens um Transporte schneller und wirtschaftlicher zu bewerkstelligen.

Auch Lanz hatte solche „Schlepper" im Programm und konnte dadurch an diesem Markt teilhaben. Waren es zunächst noch landwirt-

Derselbe Typ mit Cabrio-Verdeck.

schaftliche Zugmaschinen, nur eben mit Elastikbereifung, größerer Endgeschwindigkeit und gefederten Vorderachsen ausgerüstete Bulldogs, so machte die Entwicklung auch hier nicht halt, es wurden immer schnellere und immer bessere Maschinen gebaut. Erst der Gummi-Bulldog, dann der Verkehrs-Bulldog, der Bulldog für Eildienste und schließlich der Eil-Bulldog prägten die einzelnen Entwicklungsstufen. Entscheidend für diese Entwicklung und das gleichzeitige Erreichen höherer Geschwindigkeiten bei zunehmendem Transportgewicht war natürlich der Bau stärkerer Motoren bei höherem Gewicht der Maschinen.
Leistete der erste Bulldog gerade 12 PS, der kleinste, genannt Gummi-Mops, ganze 8 PS, so leistete 15 Jahre später der Eil-Bulldog immerhin 45 PS. Doch da die Geschwindigkeit von 20 km/h nie wesentlich überschritten wurde, war das Einsatzgebiet hauptsächlich auf den Nahbereich beschränkt.
Natürlich hatte diese Bauweise auch ihre Vorteile. Man denke nur an das Befahren von unbefestigten Wegen, Stein- oder Sandbrüchen, oder den Abtransport schwerer Lasten aus den Wäldern, wo der Bulldog mit seinen großen Hinterrädern und der kleinen Geschwindigkeit jeder Straßenzugmaschine überlegen war.
Ein ideales Einsatzgebiet solcher Schlepper war zur damaligen Zeit der Pendelverkehr mit mehreren Anhängern, etwa beim Straßenbau. Ein Anhänger war zum Beladen abgestellt, der zweite wurde mit dem Schlepper zum Abladeort gezogen und der dritte Anhänger stand bereits zum Abladen bereit. Bis nun der Schlepper mit dem zweiten Anhänger den Abladeort erreicht hatte, stand der dritte Anhänger abgeladen bereit und konnte nach dem Umhängen sofort zum Aufladeort transportiert werden. Und da damals das Fahren mit zwei Anhängern noch erlaubt war, konnte die Zahl der Hänger auch verdoppelt werden.
Der Schlepper konnte ohne Be- und Entladepausen eingesetzt und somit in seinem ureigenen Zweck als wirtschaftliche Zugmaschine verwendet werden.
Hier erkennt man einen weiteren, wesentlichen Vorteil des Schleppers gegenüber dem Lastwagen durch den unabhängigen Laderaum. Man konnte den Schlepper vor das jeweilige Transportgut spannen. Egal ob es sich um Schüttgut, Flüssigkeiten, überlange Transporte oder sperrige Lasten handelte, er wurde einfach vor den

Transporte in der Mitte der zwanziger Jahre.

Der Eil-Bulldog als Transportschlepper ...

... im Einsatz mit Anhängern, die im Wechsel beladen bzw. transportiert werden,

... im Steinbruch.

entsprechenden Hänger gespannt, und schon konnte der Transport beginnen.

Und dann gab es noch die Sonderausrüstungen gegen Mehrpreis, wie etwa die Zapfwelle oder die Riemenscheibe, was die Einsatzmöglichkeiten erheblich erweiterte und den Transportschlepper auf die Stufe des landwirtschaftlichen Schleppers stellte.

Sehr nützlich war der Anbau einer Seilwinde, die ihre Vorteile nicht nur in der Land- und Forstwirtschaft hatte. Sie konnte genauso zum Heranziehen schwerer Lasten auf unbefahrbarem Boden dienen, oder etwa beim Hochziehen eines schwerbeladenen Hängers auf eine steile Anhöhe wie auch beim Be- und Entladen schwerer und sperriger Güter. Und nicht zuletzt konnte sich der Schlepper selbst befreien, war er einmal festgefahren.

Großer Beliebtheit erfreute sich der Eil-Bulldog auch bei Schaustellern oder Wanderzirkusunternehmen, wo er ständig eingesetzt werden konnte. Etwa beim Standortwechsel in eine andere Stadt, wo der Bulldog als Zugmaschine vor den langen, schweren Transportwagen Verwendung fand. Beim Auf- und Abbau der Bauten und Zelte war der Eil-Bulldog mit Seilwinde eine große Hilfe. Und waren diese Arbeiten beendet, wenn der Rummel mit den Besuchern richtig losging, so konnte der Bulldog als Stationärmotor den ganzen Betrieb aufrechterhalten, wurde er beispielsweise zum Antrieb eines Stromgenerators eingesetzt.

Mit dem Überwinden der Weltwirtschaftskrise und der arbeitsfördernden Politik des Dritten Reiches wurde zur Mitte der dreißiger Jahre in allen Bereichen wieder mehr produziert, es wurden Straßen, Autobahnen und Häuser gebaut, es wurde mehr konsumiert, was einen schwunghaften Handel, verbunden mit einem steigenden Bedarf an Transporten zur Folge hatte.

Die Firma Lanz reagierte auf diese wirtschaftliche Entwicklung mit dem Bau eines noch schnelleren, größeren und noch leistungsstärkeren Eil-Bulldogs. Das Ziel war die Gewinnung größerer Marktanteile bei den Straßentransporten unter Beibehaltung der bisherigen Eigenschaften, oder anders ausgedrückt, der neue Eil-Bulldog mußte bei größerer Geschwindigkeit noch straßentauglicher sein, ohne dabei aber seine Geländegängigkeit zu verlieren.

Sicher wäre es ein leichtes gewesen, in die Technik des Lastwagenbaues oder des Straßenzug-

... beim Straßenbau,

... im Gelände,

... beim Kohlenhändler,

... bei der Forstwirtschaft,

... bei der Abfuhr von Schnee in einer Großstadt.

... im Sägewerk.

... beim Verladen schwerer Lasten,

... beim Transportieren schwerer Lasten oder sperriger Güter.

maschinenbaues einzusteigen und solche Maschinen zu produzieren. Doch man baute auf die Erfahrung der letzten zwei Jahrzehnte Schlepperbau im eigenen Hause genauso wie auf die Wiederverwendung des tausendfach bewährten Glühkopfmotors. Deshalb konnte der neu gebaute Eil-Bulldog, der doch in vielen Konstruktionsmerkmalen vom legendären Bulldog abwich, seine Herkunft nicht verleugnen.
Der Kühleraufbau war derselbe geblieben, vorne das Steigrohr mit Firmeninschrift „Lanz Bulldog", seitlich rechts und links auswechselbare Einzelkühlelemente und oben der Wasserkasten. Daran anschließend die Tanks für die Ölschmierung und das Benzin zum Starten ohne Heizlampe. Auch der Luftfilter behielt seinen gewohnten Platz zwischen den Tanks und der Armaturenwand bei.
Neu war die Motorhaube, die beide Baugruppen abdeckte und gleichzeitig einen eleganten Übergang zwischen Kühler und Kabine schaffte.
Die Fahrkabine, die mit einer gefederten und gepolsterten Sitzbank ausgerüstet zwei Personen Platz bot, war auf allen Seiten geschlossen. Der Einstieg erfolgte durch zwei Türen, die rechts und links vor den Hinterrädern angebracht waren und somit ein Besteigen von beiden Seiten ermöglichten. Der Fahrer fand nicht, wie heute allgemein üblich, auf der linken, sondern auf der rechten Fahrzeugseite seinen Platz. Entsprechend waren auch die Bedienungselemente angeordnet. Zur Auswahl standen dem Kunden zwei Ausführungen der Fahrkabine zur Verfügung: einmal die Ausführung als Cabriolet mit halbhohen Türen und Seitenverkleidungen sowie mit einer geteilten, fest montierten Frontscheibe. Hier konnte zusätzlich ein Faltverdeck montiert werden. Zum zweiten die Ausführung mit geschlossenem Führerhaus mit hohen Türen und Seitenverkleidungen und darin eingearbeiteten Fenstern sowie einem festen Dach. Die einteilige Frontscheibe war bei dieser Ausführung in einen Rahmen gebettet, der auf der Oberseite in Scharnieren gelagert war, was ein Ausstellen der Scheibe nach außen erlaubte.
Auf der Rückseite der Kabine fand ein geräumiger, 200 Liter Schweröl fassender Kraftstofftank seinen Platz und gestattete dadurch die doppelte Betriebsdauer, bevor ein erneutes Tanken notwendig wurde. Unterhalb des Tankes befanden sich zwei nebeneinander liegende, als Schubladen ausgebildete Werkzeugkästen.
Das Herz oder Antriebsaggregat des neuen Eil-Bulldogs bildete der altbewährte, 10-Liter-Glühkopfmotor mit liegendem Zylinder. Durch Steigerung der Drehzahl von bisher 630 U/min auf 750 U/min konnte die Leistung auf 50 PS „normale Dauerleistung" oder 55 PS „Höchstleistung über eine Stunde" erhöht werden. Die Inbetriebnahme des Motors konnte entweder durch Anheizen des Zündsacks mit der Lötlampe oder mit Benzin und Zündfunke aus der Zündspule erfolgen, wobei das doppelt gesicherte Lenkrad aus der Verankerung genommen und auf die Kurbelwelle gesteckt auch hier als Anwerfhilfe dienen

Der Fahrraum

1 Bremshandhebel, 2 Kupplungsfußhebel, 3 Luftdruckanzeiger, 4 Drehzahl- und Drehrichtungsanzeiger (Zeigerausschlag auf rotem Feld = umgekehrte Drehrichtung), 5 Kilometerzähler, 6 Zugstange für Kühlerabdeckung, 7 Druckknopf für Signalhorn, 8 Abblendschalter, 9 Schalter für Fahrtrichtungsanzeiger, 10 Benzin-Absperrventil, 11 Kraftstoffhandhebel, 12 Lichtschaltkasten, 13 Steckdose für Handlampe, 14 Bremsfußhebel, 15 Kraftstoffußhebel, 16 Gangschalthebel.

konnte. Doch war dieser Aufwand erst notwendig, wenn die Batterien einmal ausfielen, denn der Eil-Bulldog verfügte serienmäßig über eine umfassende elektrische Ausrüstung, die auch einen Pendelanlasser beinhaltete. Dieser Anlasser wurde durch Knopfdruck mit dem Fuß aktiviert und gestattete es, den Motor vom Fahrersitz aus mühelos in Betrieb zu nehmen. Davor war der Benzinhahn zu öffnen und der Summer einzuschalten. Auch das Umschalten von Benzin auf Schweröl konnte während der Fahrt vom Fahrersitz aus erfolgen.

Das Getriebe war eine Neukonstruktion mit fünf Vorwärts- und einem Rückwärtsgang, zum Schalten war, wie bei Straßenzugmaschinen oder Lastkraftwagen der damaligen Zeit üblich, nur noch ein Schalthebel notwendig.

Die längere Bauweise des Eil-Bulldog bedingte durch die Fahrerkabine und den Einstieg vor den Hinterrädern auch den Bau eines längeren Getriebegehäuses. Durch den Einbau zusätzlicher Zwischenräder konnte die Kraftübertragung auf das Ausgleichsgetriebe geleitet werden.

Auch bei dem Eil-Bulldoggetriebe kamen nur Stirnräder zum Einbau, was die Herstellung vereinfachte und die Kosten niedrig hielt. Ebenso konnten die Bohrungen im Getriebegehäuse zur späteren Aufnahme der Getriebewellen von einer Seite aus und somit kostengünstig gebohrt werden.

Der Eil-Bulldog war mit automobilmäßigen Kotflügeln und Trittbrettern ausgestattet. Rechts und links auf den Trittbrettern waren die Batteriekästen angebracht. Gleichzeitig dienten diese

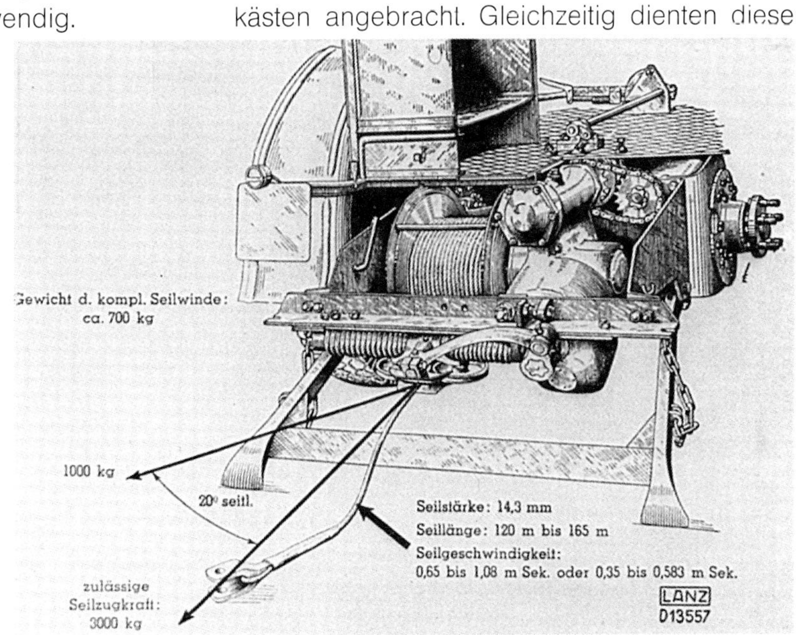

Die Seilwinde des Eil-Bulldog.

Kästen als Stufe für den Einstieg in die Kabine. Weiter kam eine gefederte Vorderachse zum Einbau, als Bereifung standen Luftreifen mit Straßenprofil zur Verfügung. Der Auspuff wurde serienmäßig als „Auspuff nach unten" geliefert, konnte auf besonderen Wunsch aber auch nach oben geliefert werden. Der „Auspuff nach oben" verschaffte dem Bulldog eine größere Bodenfreiheit und wurde deshalb von jener Kundschaft bevorzugt, die ihn hauptsächlich im Wald oder im Gelände einsetzte.

Zur weiteren serienmäßigen Ausrüstung zählte eine komplette elektrische Ausrüstung bestehend aus zwei Scheinwerfern, Rücklichtern, Winkern als Richtungsanzeiger, Scheibenwischern, Begrenzungsleuchten am Führerhaus, Lichtmaschine, Anlasser, Batterien und einer Anlaßzündung. Ebenso kam ein Kilometerzähler mit Geschwindigkeitsmesser zum Einbau.

Als Sonderausrüstung gegen Mehrpreis standen zur Verfügung: eine Riemenscheibe, eine Zapfwelle, eine Druckluftanlage und eine Seilwinde. Bei einer Länge von nahezu vier Metern und einer Breite von 2,20 m brachte der Eil-Bulldog ein Gewicht von 4500 kg (betriebsbereit) auf die Waage. Die Höchstgeschwindigkeit im 5. Gang betrug etwa 33 km/h.

In den Jahren vor und während des Krieges konnten 2415 Eil-Bulldogs dieser Typenreihe verkauft werden, eine Zahl, die sicher weit unter den Erwartungen und den Kalkulationen der Geschäftsleitung gelegen ist. Der Hauptgrund dafür lag wohl in der Entscheidung, den Eil-Bulldog mit dem bei den Bauern so beliebten Glühkopfmotor auszustatten. Denn in der zweiten Hälfte der dreißiger Jahre standen Treibstoffe wie etwa Dieselöl in ausreichender Menge zur Verfügung. Dies veranlaßte viele Käufer, sich damals für eine Zugmaschine mit einem ruhiger laufenden, mehrzylindrigen Dieselmotor zu entscheiden. Und in den Jahren nach 1941, der Zeit der Treibstoffknappheit und der Festbrennstoffe, in denen der Glühkopfmotor seine Vorteile, nämlich das mühelose Verarbeiten billigster Treibstoffe, hätte zeigen können, mußte auf Holzgas umgestellt weden. Ein Umstand, der den Konstrukteuren sehr viele Schwierigkeiten bereitete.

Schnittbild des Eil-Bulldog mit fester Kabine.

Technische Anmerkungen in Stichworten

Beim 55-PS-Eil-Bulldog handelte es sich inzwischen um die neunte Entwicklung der HR-Serie, deshalb die Bezeichnung „HR 9". Die Bestellnummer beginnt mit D 25..., die weiteren Zahlen geben Auskunft über die Ausführung. So steht die Nummer D 2531 für den Eil-Bulldog mit offenem Führerhaus. Unter D 2538 wurde der Eil-Bulldog mit Seilwinde geliefert und Nr. D 2539 beinhaltete ein geschlossenes Führerhaus.
Gefertigt wurden die Eil-Bulldogs ab 1937, der erste mit der Nummer 150.001, bis 1944 vor der Bombardierung der letzte Eil-Bulldog mit der Nr. 152.415 das Werk verließ. An dieser Stelle sei auch erwähnt, daß alle nach dem 1. Juli 1942 bis 1944 mit Glühkopfmotor gefertigten Bulldogs für nichtlandwirtschaftliche Einsätze verkauft oder ins Ausland geliefert wurden. Die Stückzahl der gefertigten Bulldogs ist jeweils am Ende der einzelnen Kapitel in einer Tabelle zu finden.
Während des Zweiten Weltkrieges wurde in § 36 a der StVZO den Eil-Bulldog-Betreibern vorgeschrieben, die Motordrehzahl auf 630 U/min zu drosseln. Dies hatte eine Leistungsminderung auf 45 PS und eine Herabsetzung der Endgeschwindigkeit von 33 auf 28 km/h zur Folge.
Die bei den Eil-Bulldogs als Sonderausrüstung angebotene Druckluftbremse wurde von der Firma Knorr geliefert. Als Kupplung kam zunächst die große Scheibenkupplung zum Einbau. Ab Bulldog Nr. 150.064 wurde die Kupplungsmuffe mit einer Preßschmierung ausgerüstet, ab Nr. 150.545 klebte man werksseitig alle Kupplungs- und Bremsbeläge vor dem Vernieten mit Wasserglas fest. Der Ölschleuderring auf der Kurbelwelle wurde ab Nr. 150.646 verbessert, ebenfalls die Ausrückgabel im Bosch-Öler, die ab derselben Nummer durch einen Splint vor dem Herausfallen gesichert wurde. Dann erfolgte ab Nr. 150.913 der Einbau der kleinen Scheibenkupplungen, die nur auf Sonderwunsch mit einer Riemenscheibe ausgerüstet waren.
Ab der Bulldog-Nr. 151.024 wurden legierte Gußkolben, sogenannte Chromkolben, eingebaut. Neue Getriebebremsen (Handbremsen, die auf das Getriebe wirkten) mit besserer Bremswirkung kamen ab Nr. 151.273 zum Einbau und ab Nr. 151.311 wurden Zylinderköpfe mit kugeligem Brennraum und Einheitsdüse eingebaut. Unter Einheitsdüse ist zu verstehen, daß alle Bulldogtypen jeder PS-Klasse mit demselben Düsentyp ausgerüstet wurden.
Ab welcher Bulldog-Nummer Zylinderköpfe mit metrischem Gewinde eingebaut wurden, ist nicht angegeben.

Schlepper-Produktion des HR-9-Eil-Bulldogs D 2531/39

1937	1938	1939	1940	1941	1942	1943	1944
185	444	528	359	436	218	185	60

Typenübersicht mit D-Nummern und PS-Angaben

soweit heute noch bekannt

Typ / PS	D-Nummer	Art und Ausführung des Bulldogs	März 1938 RM
HR 9 55 PS	D 2531	Eil-Bulldog mit offener Fahrerkabine, Bereifung 42×9, Bereifung 350-20.	 9500,– 9770,–
HR 9 55 PS	D 2538	Eil-Bulldog mit offener Fahrerkabine und Seilwinde, Bereifung 42×9, Bereifung 350-20.	 11470,– 11740,–
HR 9 55 PS	D 2539	Eil-Bulldog mit geschlossener Fahrerkabine, Bereifung 42×9, Bereifung 350-20.	 10500,– 10770,–
HR 9 55 PS		Eil-Bulldog mit geschlossener Fahrerkabine und Seilwinde, Bereifung 42×9, Bereifung 350-20.	 12470,– 12740,–

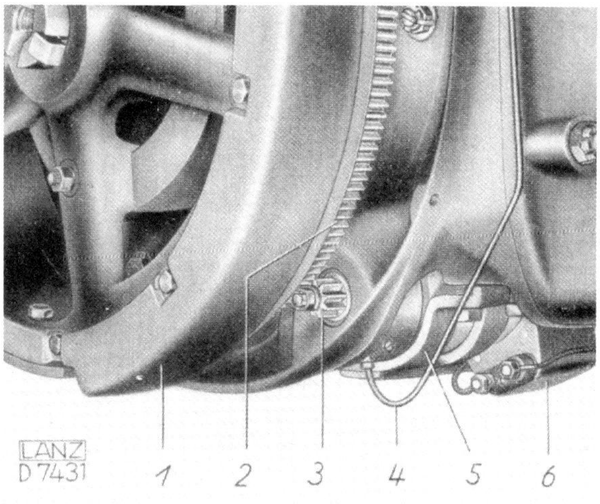

Der Anlasser
1 Schwungrad, 2 Zahnkranz, 3 Ritzel, 4 Ölleitung, 5 Bügel, 6 Anlasser.

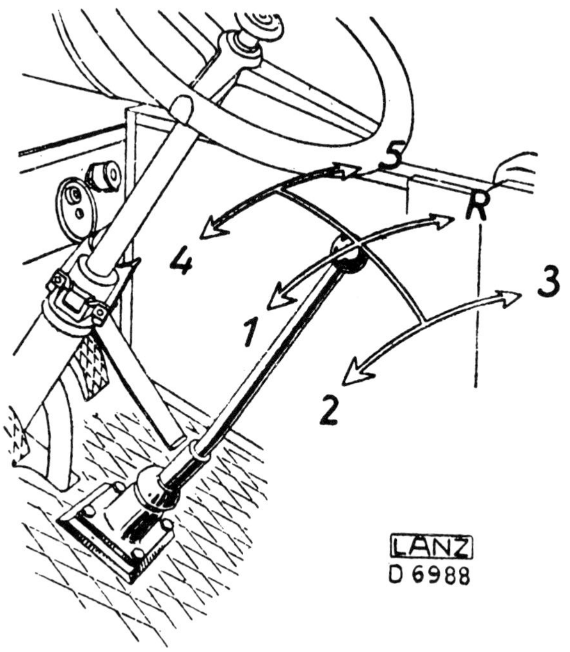

Schalthebelstellungen für die verschiedenen Gänge.

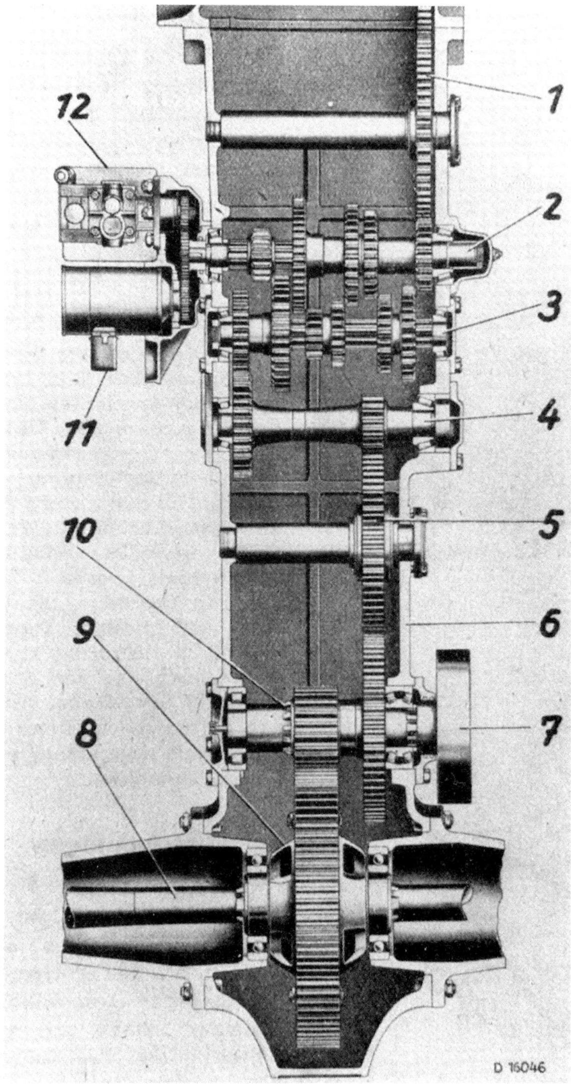

Eil-Bulldog-Getriebe im Schnitt:
Eil-Bulldog-Getriebe im Schnitt:
1 Zwischenrad, 2 I-Getriebewelle, 3 II-Getriebewelle, 4 III-Getriebewelle, 5 Zwischenrad, 6 Getriebegehäuse, 7 Bremsscheibe, 8 Hinterachse, 9 Ausgleichgetriebe, 10 IV-Getriebewelle, 11 Lichtmaschine, 12 Luftpresser.

Das obere Bild zeigt den sauber restaurierten, 30 PS starken Eil-Bulldog von Joachim Storjohann. *Foto: Peter Peterson*

Einen äußerst seltenen, zwillingsbereiften Eil-Bulldog mit 45 PS aus dem Jahre 1938 zeigt das untere Bild. Heute gehört er zur Sammlung von Friedrich Widmann. *Foto: Siegfried Fischer*

LANZ Eil-Bulldog

In der Motorisierung des Lastenverkehrs spielt d
selbstverständlichen und unentbehrlichen Ver
zeigt sich sein ideales Arbeitsgebiet. Unabhän
großen Wendigkeit findet sich der Bulldog auch
Geländegängigkeit hat ihm besonders die Ba
Bulldog überall als der Schlepper, wie man ih

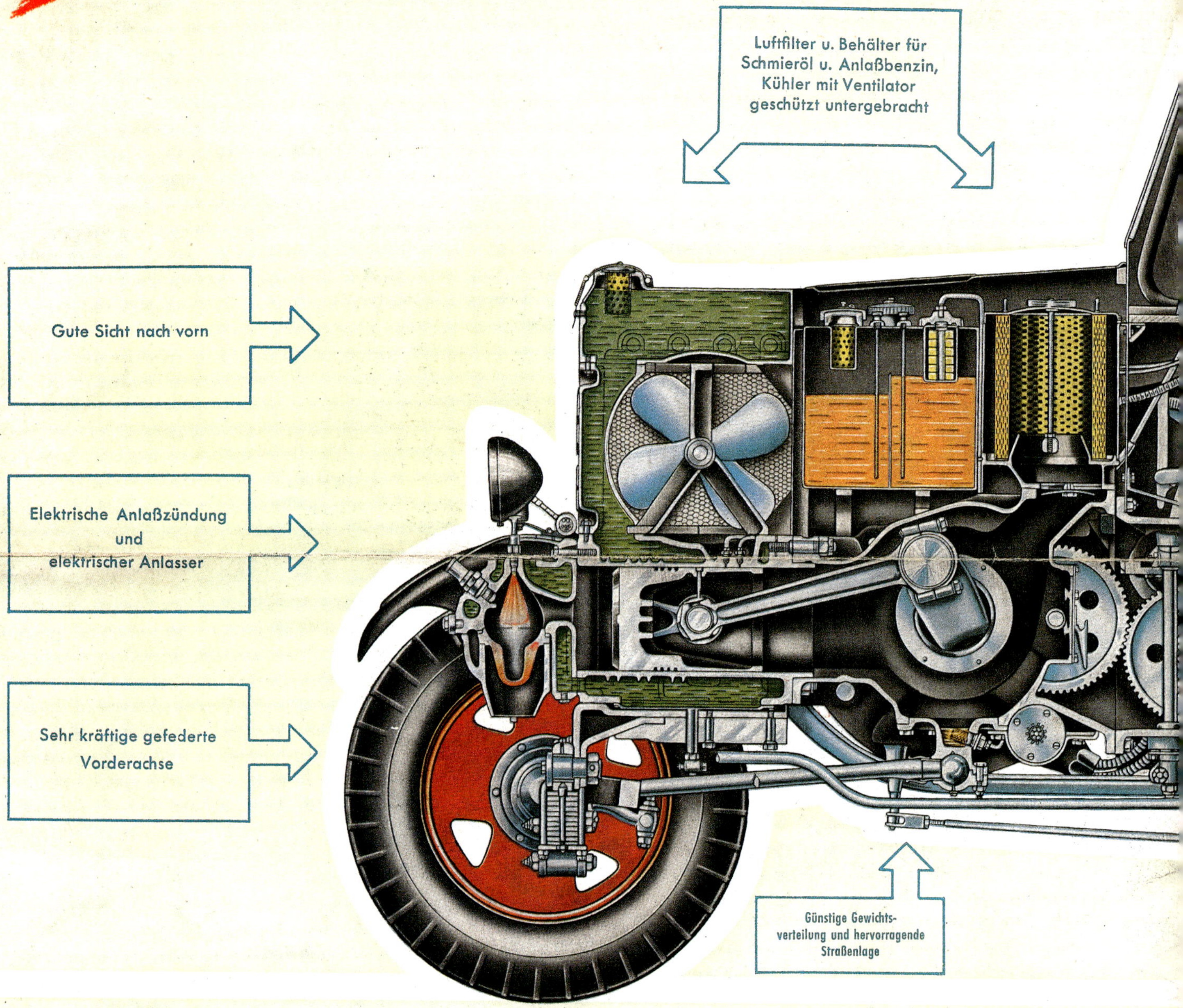

Die robuste, vielseitig verwen

Mit seinem liegenden Einzylinder-Zweitakt-Rohöl-Motor und seiner äußerst robusten, in sich geschlossenen Ausführung ist der LANZ-Bulldog im In- und Ausland berühmt geworden. Der 55 PS Eil-Bulldog ist in jahrzehntelanger Entwicklung den besonderen Wünschen und Notwendigkeiten des Lastenverkehrs angepaßt worden. Er ist mehr als eine Zugmaschine, er ist auch eine vielseitig verwendbare Kraftmaschine, die allen Anforderungen, vor allem auch des Baubetriebes und der Forstwirtschaft in jeder Beziehung Rechnung trägt. Sein durchschaltbares 5-Gang-Getriebe gestattet den raschen Wechsel auf die jeweils richtige Fahrgeschwindigkeit. Mit seiner

LANZ-Eil-Bulldog eine wichtige Rolle. Er ist zu einem gewohnten
rsmittel geworden. Im Pendelverkehr mit Wechselanhängern
vom Laderaum kann er allen Transporten dienen. Mit seiner
engen Plätzen und in winkligen Straßen zurecht. Weitgehende
lustrie und den Forstbetrieb erschlossen. So zeigt sich der
braucht, bewährt in hunderttausend Lieferungen in aller Welt.

55 PS

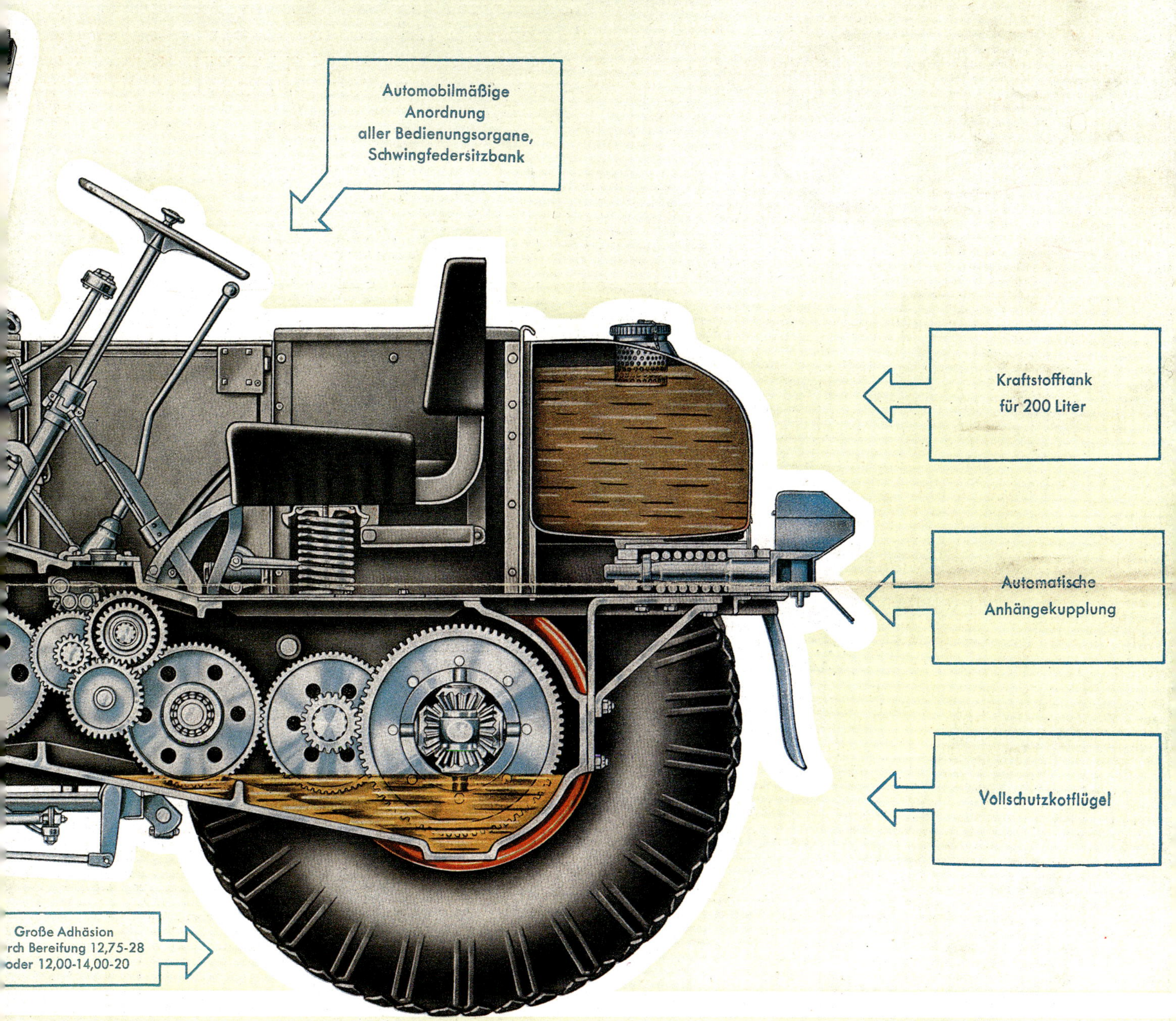

lbare Zug- und Kraftmaschine

unmittelbar auf der Kurbelwelle sitzenden Riemenscheibe kann die Kraft seines starken und elastischen Motors dem Antrieb vieler Arbeitsmaschinen nutzbringend dienen. Über die Zapfwelle kann die Motorkraft Anbau- und Folgemaschinen zugeführt werden. Dort, wo es nottut, kann eine sich harmonisch in den Gesamtaufbau des 55 PS LANZ-Eil-Bulldog einfügende Seilwinde seine Einsatzmöglichkeit um vieles erweitern. Im Betrieb von Lastzügen bietet die eigens hierfür entwickelte Druckluft-Bremsanlage alle Vorteile, deren sich der Eilverkehr heute bedient. So zeigt sich der 55 PS LANZ-Eil-Bulldog als Zug- und Kraftmaschine in technischer Vollkommenheit.

Oben:
Familie Wegmann auf dem Weg nach Südtirol mit dem Eil-Bulldog Baujahr 1940 von Anton Wucherer.
Foto: Egon Wegmann

Ein Eil-Bulldog mit Führerhaus ist im Bauern- und Technikmuseum der Familie Kiemele zu sehen. Der einst in sehr schlechtem Zustand vorgefundene Bulldog wurde technisch und optisch von Walter Enz hergerichtet.
Foto: Kurt Häfner

Auf Festzügen immer eine Attraktion: hier der 25-PS-Bulldog von Gerhard Eschstruth. Der Motor mit 7,4 Litern Hubraum stammt noch aus Kriegsproduktion mit Holzgasgenerator, wurde aber vor der Auslieferung in den ersten Nachkriegsmonaten im Werk auf Rohölbetrieb umgebaut.
Foto: Gerhard Eschstruth

Unten:
Theo Egenolf setzt seinen 45-PS-Ackerluft-Bulldog, ein Kriegsprodukt von 1944, noch heute zu Forstarbeiten ein. *Foto: Detlef Egenolf*

Wie vor fünfzig Jahren: Der 55-PS-Ackerluft-Bulldog von Heinz Weller zieht den Dreischarpflug über den Acker. Beide Maschinen wurden 1939 zusammen erworben. *Foto: Kurt Häfner*

Von den 15-PS-Bulldogs sind uns heute gerade noch eine Handvoll geblieben. Der abgebildete gehört zur Sammlung von Edwin Herter.
Foto: Egon Wegmann

Unten ein Schnitt durch den 15-PS-Bulldog.

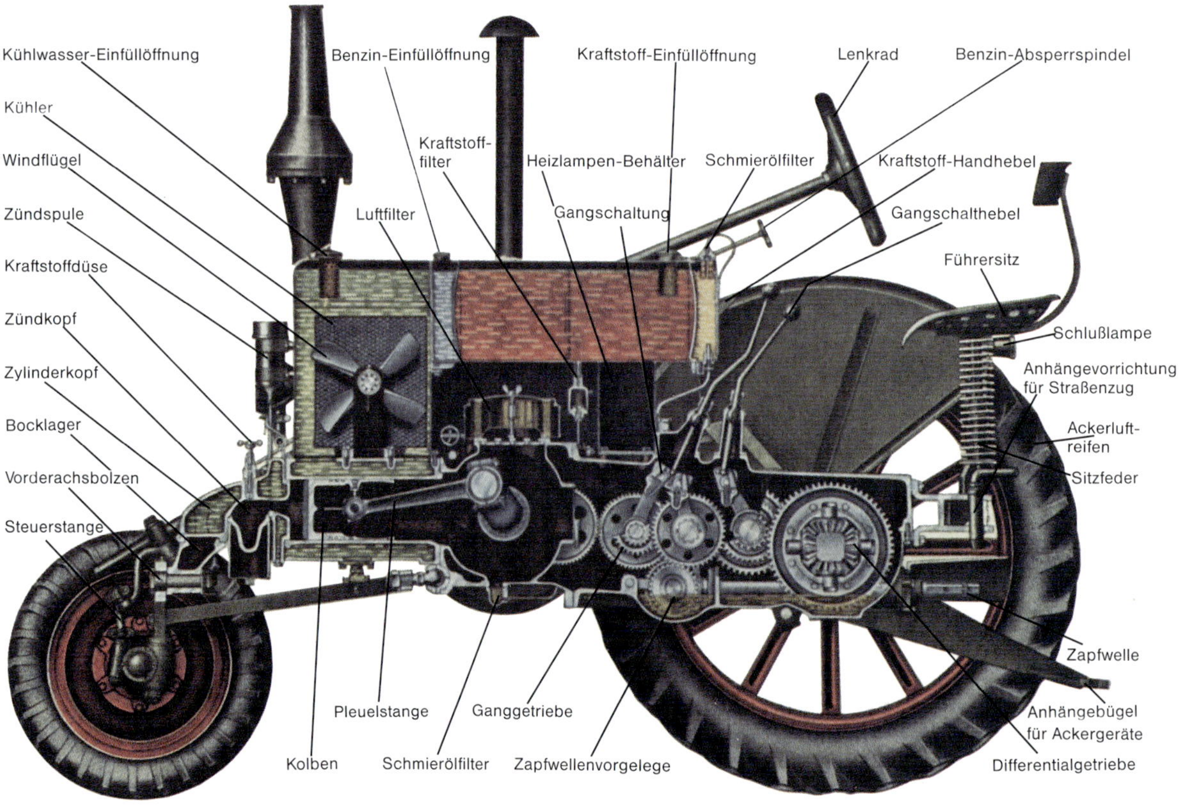

MAI '41

55 PS
Eil-Bulldog

LANZ
55 PS Eil-Bulldog

Für
Schnelltransporte
und
schwerste Lasten

HEINRICH **LANZ** MANNHEIM
Aktiengesellschaft

D 2531

Vorzüge

in Konstruktion und Ausrüstung des 55 PS Eil-Bulldog D 2531

5 Fahrgeschwindigkeiten vorwärts, dadurch beste Anpassung an Steigungen und Belastungen.

Leichtes Kuppeln und schnelles Schalten durch Einhebelkupplung wie beim Automobil.

Große Wendigkeit, auf Baugelände, Kiesgruben, engen Straßen und kleinen Plätzen sehr vorteilhaft.

Sofortige Startbereitschaft durch elektrischen **Anlasser.**

Elektrische Beleuchtung.

Steuersäule seitlich, dadurch viel Platz für den Beifahrer.

Angenehmer Sitz, Schwingfedersitzbank mit Stoßdämpfern.

Windschutzscheibe mit elektrischem Scheibenwischer.

Automobilartige Hebelanordnung, von links nach rechts in der Reihenfolge: Handbremse, Kupplungspedal, Steuersäule, Fußbremse, Gaspedal, Handgashebel.

Geräumige Plattform.

Großer Brennstoffbehälter für etwa 200 Liter Schweröl.

Auspuff mit besonderer Geräuschdämpfung (Schallfänger).

Schmierölersparnis durch automatische Regelung der Oelzufuhr.

Boschöler unter Schwungradschutz (links).

Praktische Unterbringung von Einzelteilen unter einer aufklappbaren Haube: Luftfilter, Oelkanne, Zündspule, Boschhorn.

Armaturenbrett mit Schaltkasten, Kilometerzähler, Winkerschalter usw.

Wuchtiges, elegantes Aussehen, langgestreckte Form, ruhige Linien.

Autokotflügel, Auspuff nach unten.

Weiche Federung durch querliegende Halbelliptikfeder.

Luftbereifung.

D 2538: mit Seilwinde.

D 2539: mit Führerhaus.

Sonderausrüstung: Luftdruckbremseinrichtung, Riemenscheibe, Klappverdeck.

Technische Einzelheiten

Motor-Bauart: Liegender Einzylinder-Zweitakt-**Mitteldruck**motor ohne Ventile, ohne Vergaser, mit **Frischöl-Umlaufschmierung** für den Motor und **Preßschmierung** aller übrigen Teile des Schleppers, Wasserumlaufkühlung mit auswechselbaren Elementen, **Scheiben-**Kupplung, **Kugelschaltung** mit sicherer Verriegelung.

Höchstleistung über 1 Stunde	55 PS
Normale Dauerleistung	50 PS
Zylinderbohrung	225 mm
Kolbenhub	260 mm
Hubraum	10,3 Liter
Drehzahl	750 U/min.
z. Zt. lt. § 36a der St. V. Z. O.	630 U/min.
Leerlauf-Drehzahl	350 U/min.

Brennstoff: Deutsches Gasöl, Gasöl, Dieselöl, Paraffinöl, Pflanzenöl usw.

Betriebsstoffbehälter-Inhalt:	Brennstoff etwa	200 Liter
	Schmieröl	17 Liter
	Benzin	17 Liter
	Kühlwasser	50 Liter

Verbrauch: Brennstoff etwa 240 g je PS/Std.
Schmieröl etwa 2,75 kg je Arbeitstag.

Bremsen: 1 Hinterradfußbremse, 1 Handgetriebebremse.

Riemenscheibe: wird nur auf besonderen Wunsch mitgeliefert, 520 mm ∅, 190 mm breit, rechtsseitig.

Bereifung: Luft, vorn 7,00—20
hinten 12,75—28

Fahrgeschwindigkeiten:

	bei 750 U/min	bei 630 U/min
1. Gang	4,9	4,2
2. „	8,9	7,5
3. „	15,9	13,3
4. „	26,9	22,6
5. „	32,8	27,8
r. „	7,3	6,1

Maße und Gewichte

Größte Länge	3875 mm
Größte Breite	2160 mm
Größte Höhe offen	2150 mm
Größte Höhe mit Führerhaus	2500 mm
Achsabstand	2515 mm
Bodenfreiheit	260 mm
Bodenfreiheit bei Bereifung 12,75-28	245 mm
Spurweite von Radmitte zu Radmitte	
vorn	1370 mm
hinten	1635 mm
Anhängevorrichtung (über dem Boden)	955 mm
Wendekreishalbmesser	5,2 m
Hinterräder, wirksamer ∅ der Reifen	1210 mm
Hinterräder, Breite der Reifen	295 mm
Vorderräder, ∅ der Reifen	820 mm
Vorderräder, Breite der Reifen	175 mm
Gewicht, betriebsfertig etwa	4400 kg

Zugleistung

im 1. Gang auf ebener, guter, fester, trockener Straße

über 30 Tonnen

Abbildungen, Maße und Gewichte annähernd und unverbindlich.

BT 2921/IX
mayun JUNI '41

0/0682 Wa

Lanz setzt neue Maßstäbe, doch die Reichs-Regierung hat andere Pläne

In den ausgehenden dreißiger Jahren hatte sich Deutschland technisch und wirtschaftlich so weit entwickelt, daß es mit den führenden Ländern dieser Welt auf eine Stufe gestellt werden konnte. Industriezweige wie etwa die Landmaschinenindustrie, wo England und Amerika durch die Erfindung der Dampfmaschine seit Jahrzehnten unumstritten führend waren, hatten so weit aufgeholt, daß sie weltweit Anerkennung fanden. Dazu waren neue Zweige geschaffen worden wie etwa die Chemie oder die Elektrik. Der wichtigste Beitrag war dabei ohne Zweifel die Erfindung des Verbrennungsmotors, eine Erfindung, die von Deutschland ausgehend die Welt verändert hat. Dabei müssen Männer genannt werden wie etwa Nikolaus August Otto, Gottlieb Daimler, Carl Friedrich Benz, Wilhelm Maybach, Rudolf Diesel und nicht zuletzt Fritz Huber. Doch nicht nur der Verbrennungsmotor hatte zu diesem Höhenflug deutscher Pionierarbeit beigetragen. Weitere Namen wie Robert Bosch oder Werner von Siemens, um nur zwei zu nennen, müßten hier ebenfalls aufgeführt werden, denn ihre Erfindungen und die Weiterentwicklungen davon, die daraus resultierenden Kraftquellen und Möglichkeiten neuer Techniken waren die Grundlagen des wirtschaftlichen Höhenflugs von Deutschland.

Natürlich führte diese Entwicklung zu einem Konkurrenzkampf, der unter den einzelnen Unternehmen ausgetragen werden mußte. Rationalisieren hieß damals das Schlagwort der Zeit, das die deutsche Industrie seit den ausgehenden zwanziger Jahren verfolgte. Und dahinter verbarg sich die Serienfertigung, die große Stückzahlen gleicher Teile erforderte. Mit anderen Worten ausgedrückt: Wer es verstand, mit einem Produkt große Käuferschichten zu gewinnen, der konnte, bedingt durch die daraus entstehende große Nachfrage, billig produzieren, verkaufen. Schon Heinrich Lanz hatte die Vorteile der Serienfertigung während seiner Amerikareise entdeckt und teilweise in seiner Fabrik verwirklicht. Große Erfahrungen in dieser Richtung sammelte man bei Lanz auch in der Zeit des Ersten Weltkriegs, als in der Mannheimer Fabrik anstelle von Landmaschinen Munition hergestellt werden mußte. Doch den größten Erfolg erfuhr man, nachdem auf Drängen der Deutschen Bank die Fertigung aller Dampf- und Benzinschlepper sowie der verschiedenen Bulldogtypen eingestellt worden war und nur noch der 22/28-PS-Großbulldog am Fließband in Großserie gefertigt wurde. Der daraus resultierende, besonders niedrige Verkaufspreis ermöglichte Herstellung und Absatz von über 7000 Bulldogeinheiten in nur 3½ Jahren.

Um nun für die Erfordernisse dieser neuen Zeit gerüstet zu sein, wagte man bei der Firma Lanz einen großen Wurf mit der Entwicklung des neuen, 15 PS starken Ackerluft-Bulldogs, auch Bauern-Bulldog genannt. Er war für die große Zahl kleinerer Landwirte geplant, die bisher ohne Schlepper waren, sowie für größere Höfe als Zweit- oder Pflegeschlepper. Dabei wurde bei der Kalkulation eine jährliche Stückzahl von 30 000 Einheiten zugrunde gelegt, wodurch der sensationelle Verkaufspreis von 2750 Reichsmark errechnet wurde.

Experten bescheinigten diesem neuen Bauern-Bulldog eine erfolgreiche Zukunft, und die Firma Lanz wäre damit sicherlich in die Reihe der ersten Schlepperproduzenten der Weltrangliste aufgerückt, wäre nicht der Zweite Weltkrieg ausgebrochen, denn die öffentliche Vorstellung auf der 5. Reichsnährstand-Ausstellung in Leipzig fiel zusammen mit dem Ausbruch des Zweiten Weltkriegs in das Jahr 1939.

Zu der Zeit waren Bestrebungen von Robert Ley, dem Führer der damaligen deutschen Arbeitsfront, im Gange, einen Volkswagen zu bauen. Einen „Wagen für das Volk", den sich auch der kleine Mann leisten konnte. Ähnliche Vorstellungen gab es über den Bau eines Volks-Schleppers, eines einfachen und kostengünstigen Schleppers, den sich der kleine Landwirt leisten konnte.

Wie wir heute wissen, konnte der Volkswagen in dem inzwischen zur Legende gewordenen „Käfer" seine Verwirklichung finden.

Die Grundsteinlegung des Wolfsburger Werkes erfolgte am 26. Mai 1938. Nur 2½ Jahre später, im November 1940 wurden Pläne veröffentlicht,

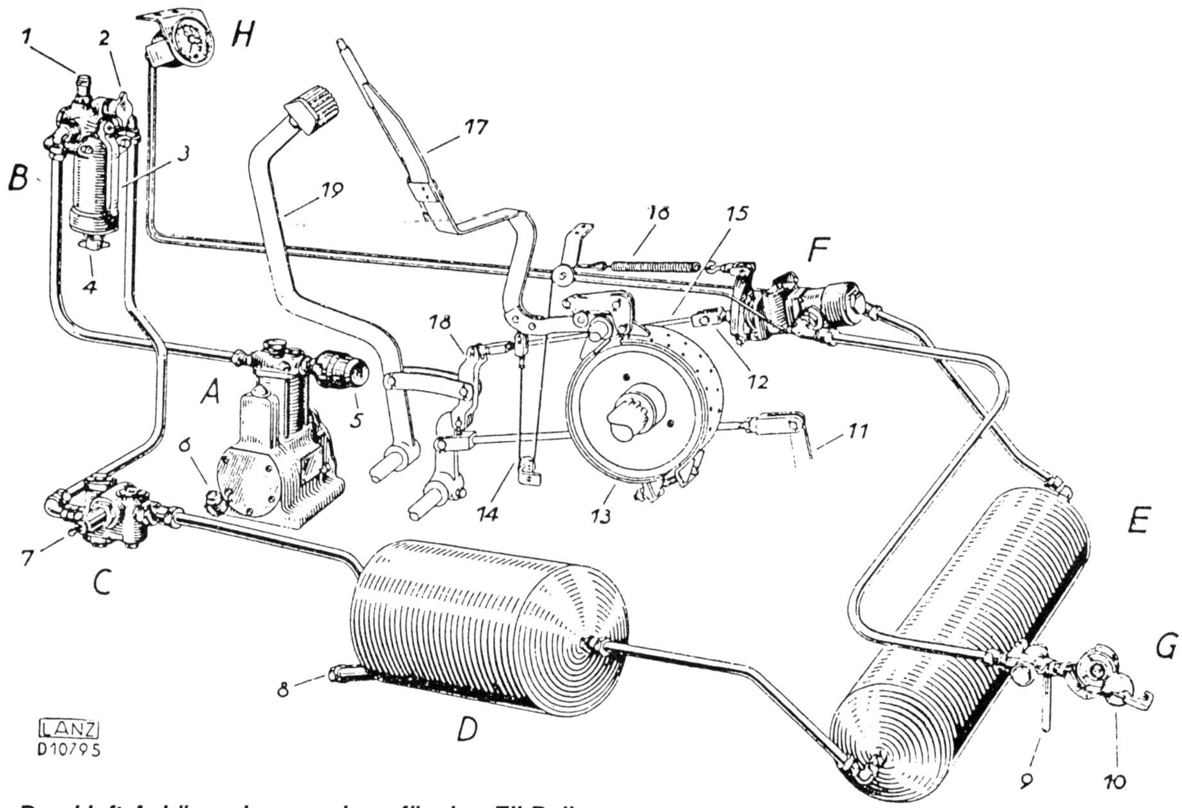

Druckluft-Anhängerbremsanlage für den Eil-Bulldog
(schematisch dargestellt)

A Luftpresser
B Luftreiniger
C Druckregler
D Druckluftbehälter links
E Druckluftbehälter hinten
F Bremsventil

1. Sicherheitsventil für Druckluftbehälter und Leitungen (bläst bei 8 kg/qcm Druck ab)
2. Anschluß für Reifenfüllschlauch
3. Umstellhahn waagrecht für Fahrt, senkrecht für Reifenfüllung
4. Verschraubung zum Öl- und Wasserablassen
5. Luftansaugfilter
6. Ölkontroll- und Einfüllschraube
7. Einstellschraube für Bremsdruck
8. Ablaßschraube für Niederschlagwasser

G Kupplungskopf für Anschluß der Schlauchleitung zum Anhänger
H Doppelmanometer zur Kontrolle des Luftdruckes, roter Zeiger für Vorratsbehälter, weißer Zeiger für Anhängerbremsleitungen

9. Absperrhahn
10. Staubschutzklappe
11. Hebel zur Hinterradbremse
12. Gabelkopf für Bremsventil
13. Getriebebremse
14. Seilzug
15. Zugstange
16. Zugfeder
17. Handhebel für Getriebebremse
18. Ausgleichhebel
19. Fußhebel für Hinterradbremse

wonach der Welt größte Schlepperfabrik in Waldbröl im Rheinland entstehen sollte. Hier war vorgesehen, den Volksschlepper in astronomischen Stückzahlen zu fertigen. Es war damals zu Beginn mit einer jährlichen Stückzahl von 100 000 Schleppern, danach mit 300 000 Schleppereinheiten kalkuliert worden. Auch hier hatte Ferdinand Porsche mit der Entwicklung des Schleppertyps 110 mit 12 PS sowie den verbesserten Nachfolgemodellen Typ 111 mit ebenfalls 12 PS und Typ 112 mit 15 PS entscheidende Vorarbeit geleistet. Die letzte dieser Entwicklungen, den Typ 113 mit 15 PS, brachte Porsche zu Ende des Krieges heraus, doch die Kriegsauswirkungen machten alles zunichte.
Damals gab es natürlich auch Bemühungen anderer Firmen, die sich für den Bau des Volks-Schleppers bewarben. So etwa die Firma Deutz mit dem 11 PS starken Bauernschlepper oder die Firma Kramer mit dem 12-PS-Schlepper Typ K12. Selbst noch zu Beginn der fünfziger Jahre versuchte sich die Firma Kramer dieses Schlag-

worts anzunehmen, indem sie ihren Schlepper Typ KL, der Weiterentwicklung des K12, zum Volks-Schlepper zu machen versuchte. Diese Bemühungen waren aber nur auf einen Werbefeldzug aufgebaut, ohne jegliche Unterstützung irgend einer Regierungsstelle.
Doch zurück zur Firma Lanz. Diese hatte nicht die Gunst der Reichsregierung und mußte in aller Härte spüren, was es hieß, in einer Diktatur zu leben. Die Produktion dieses neuen Bulldogs wurde einfach aus „kriegsbedingten Gründen" verboten. Und nicht nur das, statt eine neue Produktion nach modernsten Gesichtspunkten in großem Stil aufzubauen, wurde der Firma nahegelegt, ihre bisherige Typenreihe auf Holzgas oder Feststoffbetrieb umzurüsten.
Das endgültige Aus für die Produktion flüssigkraftstoffgetriebener Bulldogs und Schlepper brachte der Beschluß einer Verordnung des Bevollmächtigten für Maschinenprodukte vom 1. Juli 1942. Dieser Beschluß untersagte den Weiterbau und das Betreiben aller Schlepper, deren Antrieb durch flüssige Brennstoffe erfolgte.
Wie sehr dieser Beschluß auf die Verfassung und die Laune der Konstrukteure bei Lanz drückte, braucht wohl nicht besonders erwähnt zu werden, denn gerade der Bulldog mit seinem anspruchslosen Glühkopfmotor hatte über zwei Jahrzehnte und in den verschiedensten Ländern gezeigt, daß er wirklich mit den billigsten Ölen und mit nirgendwo sonst noch verwendbaren Ölabfällen zuverlässig arbeiten konnte. Wäre hier eine Umstellung auf feste Brennstoffe überhaupt notwendig gewesen?

Technisches und Konstruktives über den Bauern-Bulldog

Wenn man vom Bauernschlepper spricht, so muß man festlegen, daß auch er aus der Familie der Lanz-Bulldogs kommt. Doch diesmal stand bei der Entwicklung nicht die Zugmaschine im Vordergrund, welche neben den hauptsächlich anfallenden Zug-, Transport- und Antriebsarbeiten ihre Verwendung meist nur noch vor dem Pflug fand.
Eine ganze Reihe von Verwendungsmöglichkeiten nach den verschiedensten Verwendungszwecken wurde bei der Konstruktion berücksichtigt, so daß die anfallenden Zugarbeiten fast als nebensächlich bezeichnet werden konnten. Es muß wohl nicht besonders erwähnt werden, daß eine solche Entwicklung nicht von gestern auf heute geschehen konnte. Nein, diese Entwicklung konnte auf mehr als zwei Jahrzehnte Erfahrung zurückblicken. Aber es wäre nicht zu diesem schönen Ergebnis gekommen, wenn nicht an ihr Konstrukteure gearbeitet hätten, die eigene, praktische Erfahrungen über die Probleme und Arbeitsverhältnisse in den bäuerlichen Betrieben, über den Einsatz und die Bedingungen des Schleppers verfügt hätten und darüber hinaus in engster Verbindung mit dem neuzeitlichen Maschinenbau standen. So ist der ganze Typ dieses Bauernschleppers aus den Bedürfnissen der alltäglichen, bäuerlichen Praxis heraus entstanden.
Das entscheidendste Merkmal dieser neuentwickelten Bulldogs war der über Motorkraft angetriebene und in der Höhe verstellbare Hebemechanismus auf der Rückseite des Schleppers, genannt das Hebegetriebe.
Das Hebegetriebe war eine der wichtigsten Voraussetzungen für das Anhängen von Arbeitsgeräten und der wesentliche Wegbereiter des Einmannbetriebs auf dem landwirtschaftlichen Betrieb. Die Geräte konnten entweder in einer Vierpunktaufhängung eingehängt oder bei Bedarf auch an der Ackerschiene festgeschraubt werden. Dabei ist zu erwähnen, daß die Ackerschiene ebenfalls an dieser Vierpunkt-Aufhängung befestigt war. Das Sichern erfolgte über einen Sicherungsstecker. Für die Höhenverstellung standen drei Stellungen zur Verfügung, 260 mm, 357 mm und als oberste Stellung 485 mm, jeweils gemessen vom Boden bis Unterkante Ackerschiene. Wie schon erwähnt, wurde das Hebegetriebe über die Motorkraft betätigt und erforderte somit keinerlei körperlichen Einsatz des Fahrers mehr. Ebenso war ein zweiter Mann weder beim Anhängen noch beim Bedienen notwendig. Dies war sehr einfach und beschränkte sich auf die Betätigung eines kleinen Hebels.
Damit dieses Hebegetriebe wirklich auch voll ausgenützt werden konnte, bot die Firma Lanz dem Kunden die dazu notwendigen Anbau- und Zuggeräte an. Hierzu zählten auch zapfwellengetriebene Anbaugeräte wie etwa ein Kartoffelroder oder ein Gabelwinder.

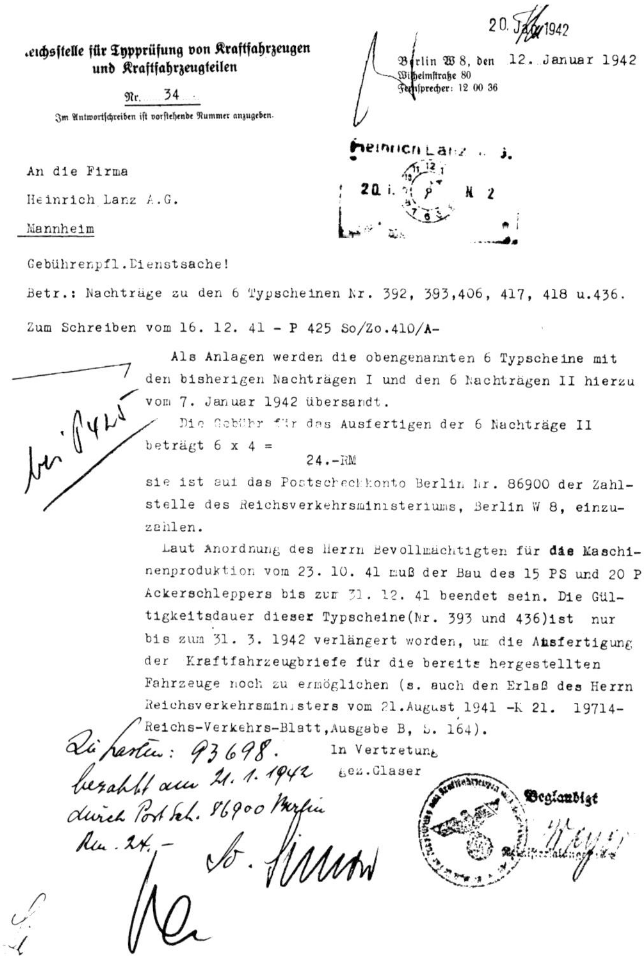

20. Jan. 1942

.eichsstelle für Typprüfung von Kraftfahrzeugen und Kraftfahrzeugteilen

Nr. 34

Im Antwortschreiben ist vorstehende Nummer anzugeben.

Berlin W 8, den 12. Januar 1942
Wilhelmstraße 80
Fernsprecher: 12 00 36

An die Firma
Heinrich Lanz A.G.
Mannheim

Heinrich Lanz ... 20 i. ... N 2

Gebührenpfl. Dienstsache!

Betr.: Nachträge zu den 6 Typscheinen Nr. 392, 393, 406, 417, 418 u. 436.

Zum Schreiben vom 16. 12. 41 – P 425 So/Zo.410/A–

Als Anlagen werden die obengenannten 6 Typscheine mit den bisherigen Nachträgen I und den 6 Nachträgen II hierzu vom 7. Januar 1942 übersandt.

Die Gebühr für das Ausfertigen der 6 Nachträge II beträgt 6 x 4 =
24.–RM
sie ist auf das Postscheckkonto Berlin Nr. 86900 der Zahlstelle des Reichsverkehrsministeriums, Berlin W 8, einzuzahlen.

Laut Anordnung des Herrn Bevollmächtigten für die Maschinenproduktion vom 23. 10. 41 muß der Bau des 15 PS und 20 PS Ackerschleppers bis zum 31. 12. 41 beendet sein. Die Gültigkeitsdauer dieser Typscheine (Nr. 393 und 436) ist nur bis zum 31. 3. 1942 verlängert worden, um die Ausfertigung der Kraftfahrzeugbriefe für die bereits hergestellten Fahrzeuge noch zu ermöglichen (s. auch den Erlaß des Herrn Reichsverkehrsministers vom 21. August 1941 –K 21. 19714– Reichs-Verkehrs-Blatt, Ausgabe B, S. 164).

In Vertretung
gez. Glaser

Beglaubigt

bei P 425

Die Karten: 93698.
bezahlt am 21. 1. 1942
durch Post Sch. 86900 Berlin
Rm. 24.–

breiteste Spurweite möglich. Auch der überaus schmal ausgefallene vordere Teil des kompletten Bulldogs war kein Zufall, er ermöglichte dem Fahrer einen uneingeschränkten Blick sowohl vor die Vorder- als auch vor die Hinterräder, und dies war gerade beim Reihen- und Kulturanbau wichtig.

Wie seine größeren Brüder war auch dieser Bulldog als rahmenlose Blockkonstruktion gebaut, wobei der Motor und das Getriebe das Rückgrat bildeten. Der Motor war ein anspruchsloser, alles „fressender" Zweitakt-Glühkopfmotor mit einer Bohrung von 145 mm und einem Kolbenhub von 170 mm, was einen Hubraum von 2,8 Litern ergab. Bei einer Drehzahl von 900 U/min gab der Motor eine Höchstleistung über eine Stunde von 15 PS ab. Die normale Dauerleistung wurde mit 12 PS angegeben. Als Leerlaufdrehzahl waren 350 U/min notwendig, etwas mehr als bei den großvolumigen Brüdern.

Der Vorteil des Zapfwellenantriebs lag darin, daß beim Antrieb auf ein entsprechendes Anhängegerät höchstens 5 Prozent der Motorleistung verlorengingen. Wurde dasselbe Gerät hinter dem Zugfahrzeug gezogen, wobei die Kraft zum Antrieb desselben über das Laufrad aufgenommen werden mußte, so gingen immerhin über 30 Prozent verloren. Hierzu kamen je nach Bodenbeschaffenheit oft noch enorme Zugkräfte. Es war deshalb möglich, den Bulldog, der ja „nur" 15 PS hatte, sinnvoll und wirtschaftlich einzusetzen.

Mit diesen Kombinationen von Hebegetriebe und Zusatzgeräten war natürlich auch die optimale Voraussetzung für den Reihen- und Kulturanbau gegeben. Um deshalb den Einsatz des Bulldogs auch bei fortgeschrittenem Bewuchs der Pflanzen zu ermöglichen, war bei der Konstruktion und bei der Auswahl der Bereifung darauf geachtet worden, daß der Bulldog über eine Bodenfreiheit von 450 mm verfügte. Darüber hinaus war eine Spurverstellung der Räder von 1130 mm als schmälste und 1500 mm als

Unten und rechts:
Der 15 PS starke HE-Bauernbulldog von verschiedenen Seiten aus gesehen.

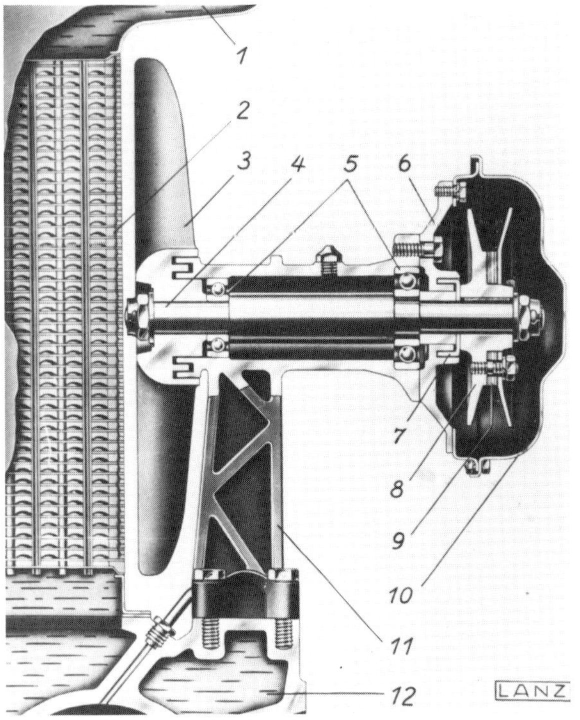

Kühlung und Lenkung des Bauern-Bulldog.

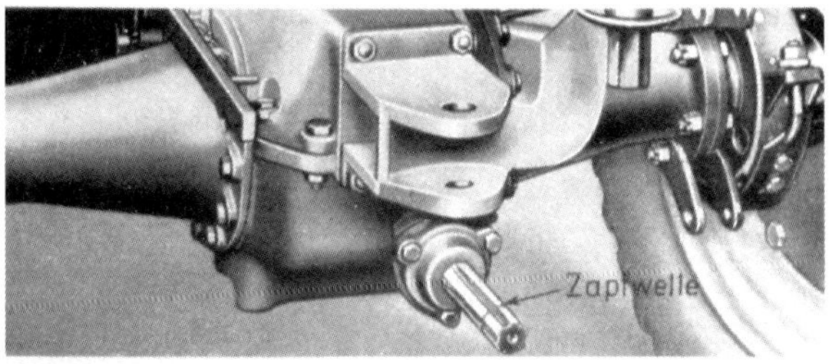

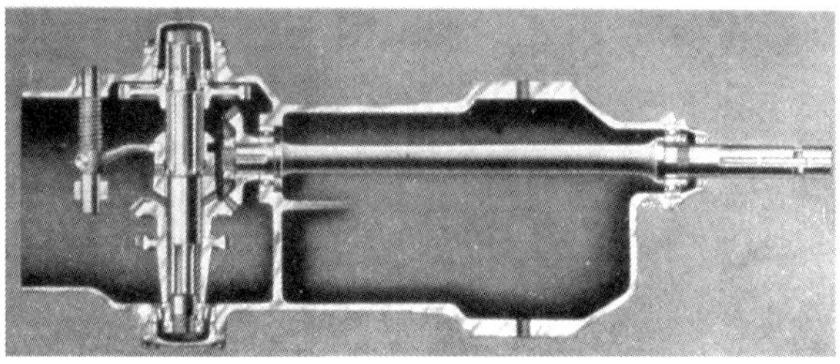

Zapfwelle und Mähwerk.

Da dieser Bulldog nur noch mit Luftbereifung angeboten wurde, zählte der Einbau des Sechsgang-Getriebes selbstverständlich zur normalen Grundausrüstung. Bei der serienmäßigen Hinterradbereifung 32 x 6,50 konnten folgende Geschwindigkeiten erreicht werden:

1. Gang	= 03,0 km/h
2. Gang	= 04,5 km/h
3. Gang	= 06,8 km/h
4. Gang	= 08,3 km/h
5. Gang	= 12,0 km/h
6. Gang	= 18,0 km/h
1. Rückwärts	= 05,6 km/h
2. Rückwärts	= 15,0 km/h

Die Größe der Vorderräder belief sich auf 4,50–16. Weiter umfaßte die serienmäßige Ausrüstung dieses Bulldogs eine elektrische Beleuchtung, eine elektrische Anlaßzündung, eine auf das Getriebe wirkende Handbremse und eine als Außenhandbremse ausgelegte Fuß-

bremse direkt auf die Hinterräder wirkend, die dazu als Lenkbremse benützt werden konnte. Auch Handgas und Fußgas zählten ebenso zur Grundausstattung wie etwa der Bosch-Öler zur selbsttätigen Schmierung des Motors, die Zapfwelle und die Riemenscheibe. Letztere verfügte über einen Durchmesser von 440 mm und eine Breite von 124 mm. Der Auspuff wurde nur als „Auspuff nach oben" geliefert.
Zur individuellen Aufrüstung bot die Firma Lanz eine verlängerte Ackerschiene, Vollkotflügel, Anbaumähbalken, das beschriebene Hebegetriebe für die Arbeits- und Anhängegeräte und eine motorische Reifenluftpumpe, natürlich gegen besondere Berechnung.
Der Anbau-Grasmäher war nicht auf der Rückseite am Hebegetriebe, sondern auf der rechten Bulldogseite zwischen den Rädern befestigt. Der Antrieb erfolgte von der Unterseite des Bulldogs über einen Keilriemen direkt auf den Grasmäher-Antrieb.
Als konstruktives Merkmal dieses Bulldogs sei besonders die Art der Lenkung genannt. Die Lenkradwelle führte sehr flach auf der rechten Bulldogseite außerhalb des Rumpfes zur Vorderachse nach unten. Ein Abnehmen des Lenk-

Das Hebegetriebe in unterer, mittlerer und oberer Stellung.

Zehnreihiges Rübenhackgerät

Dreireihiges Pflanzenlochgerät mit Spurlockerern.

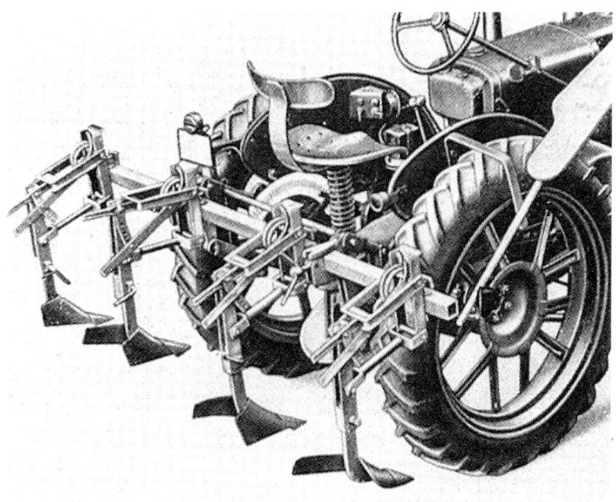

Kartoffel-Kulturgerät zum Häufeln und Hacken.

Anbau-Wenderechen

rades für den Startvorgang war nicht mehr möglich. Dazu diente eine „Anwurfscheibe", die im Fahrraum mitgeführt wurde. Auch der Kühler war nicht mehr aus einzelnen Elementen zusammengesetzt, sondern er kam als komplettes Bauteil zum Einbau. Dieser Kühler war in seiner Anordnung nach bewährtem Vorbild aufgebaut, so daß die Funktion der Kühlung genauso vor sich ging wie bei den großen Bulldogs.
Mit dem 15-PS-Bulldog wurde eine neue Typenreihe, die HE-Serie begründet, wobei das „H" ebenfalls für „Huber" stand. Die D-Nummer lautete D 4506, die Fertigungsnummern wurden von Nr. 250.001 bis 250.276 angegeben. Es konnten also ganze 276 Bulldogs gebaut werden, bevor die Fertigungseinstellung durch das Dritte Reich angeordnet wurde. An anderer Stelle wird die gebaute Stückzahl mit 309 Bulldogs angegeben. Nach diesen Unterlagen wurden 1940 85 Stück, 1941 147 Stück, 1942 71 Stück und 1943 noch ganze 6 Stück angefertigt. Beim Bau dieser Bulldogs kam es nicht wie geplant zur Fließbandfertigung, so daß die 276 Stück in Baugruppen, mehr oder weniger in Handarbeit angefertigt werden mußten.

Der neue 15-PS-Bulldog

Der Original-Pressebericht von Dr. Fritz Huber aus dem Jahre 1939.

Im Jahre 1921 erschien auf dem Markte die zwölfpferdige Straßenzugmaschine „Bulldog" als erster Schwerölschlepper der Welt, und auf der landwirtschaftlichen Ausstellung in Nürnberg im Frühjahr 1923 konnte bereits der erste Ackerschlepper mit Schwerölmotor als „Acker-Bulldog" gezeigt werden. Dieser 12-PS-Schlepper war von Anbeginn für den Gebrauch in mittleren und kleineren Gütern gedacht gewesen. Man konnte ihn sowohl zum Dreschen, als auch zum Pflügen und zu anderen Feldarbeiten verwenden. Damals benutzte man noch keine Gummibereifung. Anbaugeräte waren weder in Deutschland noch in Amerika in Gebrauch, so daß dieser Schlepper für den kleineren Landwirt damals nicht in dem großen Umfange eingesetzt werden konnte, wie es heute der Fall ist. Die größeren Güter verlangten dann bald Schlepper mit stärkerer Leistung. Sie wurden besonders zum Brechen der Arbeitsspitzen eingesetzt; am wichtigsten war das Pflügen.
Die Firma Lanz baute als erste im Jahre 1929 einen Schlepper, der gleich gut auf dem Acker und auf der Straße verwendbar war. Dieser Schlepper erhielt ein Sechsganggetriebe, Eisenräder für den Acker und für den Straßenzug Räder mit Vollgummireifen. Auch in Amerika war damals diese Zusammenstellung noch nicht bekannt. Im gleichen Jahre machte Lanz auch die ersten Versuche mit Bulldog-Luftgummibereifung in den österreichischen Alpen. Der Erfolg war in bezug auf Leistung und Abnutzung unerwartet gut, so daß diese Ausrüstung bald viel begehrt wurde.
Im Bau von Hackfruchtschleppern war Amerika voraus. In Europa wurde der erste im Jahre 1931 von Lanz gebaut.
All diese Konstruktionsgedanken und -erfahrungen, die sich im Laufe von fast zwei Jahrzehnten ergeben haben, sollten nunmehr die Grundlage werden für die schwierige Aufgabe des Entwurfes eines Bauern-Bulldog. An einen solchen Kleinschlepper stellt man nämlich umfassendere und gegensätzlichere Anforderungen als an größere Maschinen. Ein großes Gut kann beispielsweise neben einem Ackerschlepper auch noch einen Verkehrsschlepper, und vielleicht dazu noch einen Hackfruchtschlepper betreiben; der Bauern-Bulldog aber muß alle diese Arbeiten nebeneinander machen.
Die Umstellung des kleinen Gutsbetriebes auf den Schlepper ist nur erfolgreich, wenn man die Zugtiere ganz, oder wenigstens nahezu ganz abschaffen kann. Der Schlepper muß also in der Lage sein, möglichst alle vorkommenden Arbeiten auszuführen, die vorher durch die Zugtiere geleistet worden sind. Es handelt sich dabei

nicht nur um alle Arbeiten auf dem Felde, sondern der Schlepper muß auch die Zugarbeiten auf der Straße in jeder Jahreszeit leisten und ferner als Riemenantriebsmaschine dienen.
Im Bauern-Bulldog werden dem Landwirt nun für den Acker die drei Geschwindigkeiten von 3 und 4,5 und 6,8 km/Std. zur Verfügung gestellt. Für eine flotte Beweglichkeit auf der Straße waren die Geschwindigkeiten von 8,5 und 12,0 und 18,0 km/Std. vorgesehen. Man wählte also wiederum das Sechsganggetriebe mit zwei Schaltstufen.
Nach den Erfahrungen, die Lanz schon im Jahre 1923 mit den auf den Markt gebrachten kleinen Schleppern gemacht hatte, wurde als Leistung für den neuen Bauern-Bulldog 15 PS gewählt, denn für eine ordentliche Pflugarbeit muß man eine solche Leistung zur Verfügung haben, unbeschadet des Umstandes, daß die neuzeitlichen Ackerschlepper mit Gummibereifung einen günstigeren Zugwirkungsgrad als die Schlepper mit Eisenrädern haben. Auch der kleine Landwirt wird, wenn ihm die Maschinenleistung zur Verfügung steht, im Laufe der Jahre allmählich immer tiefer kultivieren, wozu ihm ein gewisser Kraftüberschuß der Zugmaschine willkommen sein wird.
Der Bauern-Bulldog muß für viele Arbeiten eingesetzt werden, bei welchen nur ein geringerer Bodendruck zulässig ist. Deshalb mußte seine Bauart verhältnismäßig viel leichter werden als die des älteren Bulldog-Schleppers.
Für diesen Schlepper kommt selbstverständlich nur wieder der einfache, zuverlässige Bulldogmotor in Betracht, an dem der einigermaßen maschinenkundige Laie etwa auftretende kleine Störungen selbst beheben und im Laufe der Zeit abgenützte Teile schnell selbst auswechseln kann. Alle wichtigen Teile wie Brennstoffpumpe und Düse, Regler und Kupplung müssen von außen leicht zugänglich sein. Die Riemenscheibe sitzt unmittelbar auf der Kurbelwelle und nicht am Getriebe. Der sogenannte Endregler gewährleistet in seinem oberen Drehzahlbereich von n = 900 selbst bei starkem Belastungswechsel der Dreschtrommel eine gleichmäßige Drehzahl, und er stellt bei Leerlauf eine untere Drehzahl von n = 350 ein.
Der Motor besitzt die bewährte Thermosyphon-Kühlung in neuer, gewichtsparender Ausführungsform. Der Schlepper ist mit elektrischer Beleuchtung und elektrischer Anlaßzündung ausgerüstet. Das Anwerfen geschieht von Hand, jedoch kann der Motor auch mit elektrischem Starter ausgerüstet werden.
Das Getriebegehäuse wird in der bisherigen Ausführung wieder rahmenlos mit dem Motorgehäuse zu einem Block verbunden. Der Achsabstand des Schleppers ist verhältnismäßig groß (1680 mm), um auch bei schwerem Ackerzug noch einen genügenden Vorderraddruck und damit genügende Lenkfähigkeit zu bewahren. Ganz besonderes Augenmerk wurde auf die große Bodenfreiheit (45 cm) des Schleppers gerichtet, damit man mit ihm auch die vorgesehene Hackfruchtpflegearbeit ausführen kann. Deshalb wurden auch alle Gestänge unter dem Rumpf der Maschine vermieden; so geht beispielsweise die Lenkstange vom Handrad direkt bis zur Vorderachse, auch Kupplungs- und Bremsgestänge sind nach oben verlegt. Die Wahl der Luftgummiräder geschah nach umfangreichen Versuchen. Die Hinterräder haben das Profil 6,5 x 32 und ergeben damit nach unseren Versuchen eine ausgezeichnete Zugleistung. Die Vorderräder tragen das Profil 4,5 x 16. Die möglichst geringe Zahl der Getrieberäder und ihre hochwertige Ausführung als Stirnräder gewährleisten den höchsten Getriebewirkungsgrad. Da der Schlepper mit größerer Geschwindigkeit auf der Straße fährt, hat er auch die vorschriftsmäßigen Hinterradbremsen und dazu die üblichen Getriebebremsen. Die Zapfwelle liegt unmittelbar im Getriebegehäuse, etwa in Schleppermitte.
Möglichst leichter Gang und größte Genauigkeit der Lenkung, die besonders für Hackfruchtpflege notwendig ist, führte zur Ausbildung einer neuartigen Bauart, die ein Minimum von Reibungsverlusten hat.
Das geringe Gewicht des Schleppers wurde nicht etwa durch schwache Ausbildung der lebenswichtigen Teile an Motor und Getriebe erreicht, sondern man machte in der Hauptsache gefäßartige Teile, die früher in Gußeisen ausgeführt waren, nunmehr aus Preßblech. Solche Maßnahmen erfordern natürlich kostspielige Einrichtungen, die sich nur bei Großzahlherstellung bezahlt machen können. Sein Gewicht ist betriebsfertig etwa 1200 kg, er kann also ohne weiteres als Hackfruchtschlepper eingesetzt werden. Noch größere Gummiräder erlauben es, die Bodenfreiheit sogar noch um 20 Prozent zu erhöhen. Es ist natürlich Vorsorge getroffen, daß die vielerlei Geräte für die Pflegearbeit sinnvoll

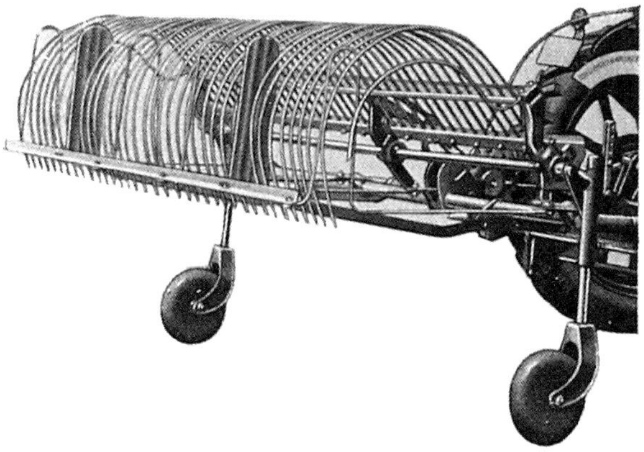

Anbau-Heurechen

erreicht man, daß sich das innere Rad nahezu auf dem Fleck dreht. Ohne Verwendung der Lenkbremse ist der innere Wenderadius 1,00 m, der äußere 2,75 m. Diese Lenkbremsen werden mit Vorteil auch als Ersatz für eine Differentialsperre verwendet, indem man die Bremse des Rades tritt, welches zu gleiten beginnt. Für normale Fahrzeugbremsung tritt man die beiden unmittelbar nebeneinanderliegenden Bremspedale gleichzeitig mit demselben Fuß.

angebaut werden können. Damit die Anbringung einer Handhebevorrichtung an den verschiedenartigen Geräten nicht einzeln notwendig ist, ist eine vom Motor angetriebene kleine Hebevorrichtung vorgesehen, die gemeinsam für alle Geräte dienen soll.

Damit der Bauern-Bulldog für Reihenarbeit verwendbar ist, kann seine Spur etwa zwischen 1.150 und 1.510 mm verstellt werden. Die Verstellung geschieht sehr leicht und einfach. Dabei ist wesentlich, daß in der normalen Stellung die Achsstummel nicht herausragen, damit sie den Verkehr nicht behindern.

Die Hinterradbremsen sind als Lenkbremsen ausgebildet. Dies ist sehr wichtig, um bei kleinen Parzellen ein kleines Vorgewende zu erzielen. Durch Treten der zugehörigen Lenkbremse

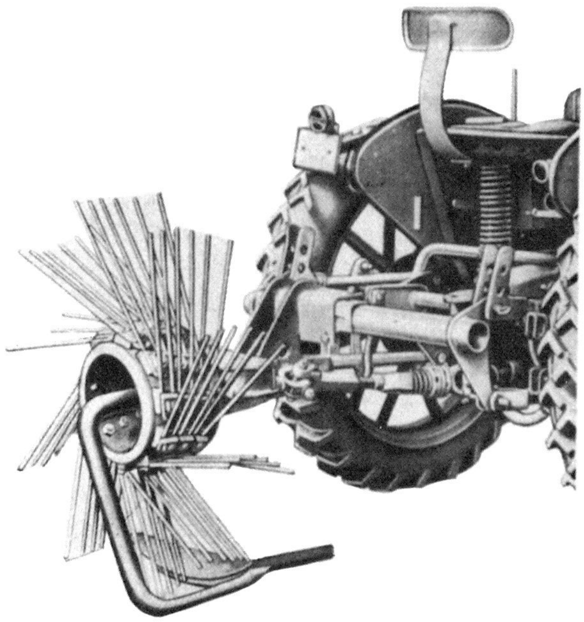

Anbau-Kartoffelroder.

Kartoffel-Vollerntegerät

Rüben-Vollerntegerät

LANZ Ackerluft-Bulldog D 4506 15 PS

D 4506

Konstruktion und Ausrüstung

des neuen 15 PS Sechsgang-Bulldog D 4506

6 Fahrgeschwindigkeiten vorwärts, dadurch beste Anpassung an die verschiedensten Boden- und Belastungs-Verhältnisse.

Ackerluftbereifung gewährt stete Betriebsbereitschaft zum Einsatz auf Acker und Straße, ohne Auswechslung der Räder.

Leichtes Kuppeln und schnelles Schalten durch Einhebelkupplung wie beim Automobil.

Große Wendigkeit (mittels Lenkbremsen), gleich vorteilhaft auf dem Acker (kleines Vorgewende) und in engen Straßen.

Sofortige Startbereitschaft durch elektrische Anlaßzündung.

Elektrische Beleuchtung.

Gut gefederter Sitz (Spiralfederung).

Bequeme Hebelanordnung von links nach rechts in der Reihenfolge: Handbremse, Kupplungspedal, Gangschalthebel, Steuersäule, Fußbremsen als Lenkbremse, Handgashebel, Fußgashebel.

Großer Kraftstoffbehälter für 45 Liter Schweröl.

Boschöler unter Schwungradschutz (links). **Schmierölersparnis** durch automatische Regelung der Oelzufuhr.

Riemenscheibenantrieb mit Leerlauf, Riemenscheibe rechts, Auspuff links angeordnet.

Anhängevorrichtung: untere für Geräte, in der Höhe verstellbar; obere für Wagen.

Zapfwelle.

Bereifung: vierfach luftbereift, Vorder- und Hinterräder mit Ackerluftreifen.

Sonderausrüstung: Anbaumähbalken, Hebegetriebe für Arbeitsgeräte

Technische Einzelheiten

Motor-Bauart: Liegender Einzylinder-Zweitakt-**Mitteldruckmotor**, ohne Ventile, ohne Vergaser, mit **Frischöl-Umlaufschmierung** für den Motor und **Preßschmierung** der Teile des Schleppers, Wasserumlaufkühlung, Dreibackenkupplung, **Kugel**schaltung mit sicherer Verriegelung.

Höchstleistung über 1 Stunde	15 PS
Normale Dauerleistung	13 PS
Zylinderbohrung	145 mm
Kolbenhub	170 mm
Hubraum	2,8 Liter
Drehzahl	900 U/min
Leerlauf-Drehzahl	350 U/min

Kraftstoff: Deutsches Gasöl, Braunkohlenteeröl, Gasöl, Dieselöl, Paraffinöl, Pflanzenöl, Benzin usw.

Betriebsstoffbehälter-Inhalt:

Kraftstoff	45 Liter
Benzin	4 Liter
Schmieröl	4 Liter
Kühlwasser	28 Liter

Verbrauch: Kraftstoff etwa 240 g je PS/Std., Schmieröl etwa 0,75 kg je Arbeitstag.

Bremsen: 2 Hinterradfußbremsen als Lenkbremse, 1 Hand-Getriebebremse.

Riemenscheibe: 440 mm ∅, 125 mm breit, rechtsseitig.

Zapfwellen-Drehzahl: 545 U/min.

Bereifung: Luft, vorn Ackerluftreifen 4,50—16, hinten Ackerluftreifen 6,50—32.

Fahrgeschwindigkeiten:

	km/Std.		km/Std
1. Gang	3,0	4. Gang	8
2. Gang	4,4	5. Gang	11,7
3. Gang	6,6	6. Gang	17,5
1. Rückwärts-Gang	5,5	2. Rückwärts-Gang	14,6

Maße und Gewichte

Größte Länge	2750 mm
Größte Breite	1685 mm
Größte Höhe	1880 mm
Achsabstand	1680 mm
Bodenfreiheit unter Anhängeschiene verstellbar	260, 357, 485 mm
„ unter Vorderachse	450 mm
Spurweite verstellbar vorn	1200—1565 mm
„ „ hinten	1130—1500 mm
Höhe der Anhängevorrichtung für Ackergeräte verstellbar	260, 357, 485 mm
Höhe der Wagenanhängevorrichtung	645 mm
Wendekreis-Halbmesser	**2,75 m**
Hinterräder, wirksamer ∅ der Ackerluftreifen 6,50—32	**1160 mm**
„ Reifenbreite	168 mm
Vorderräder, ∅ der Ackerluftreifen 4,50—16	**660 mm**
„ Reifenbreite	**120 mm**
Gewicht betriebsfertig	etwa 1130 kg

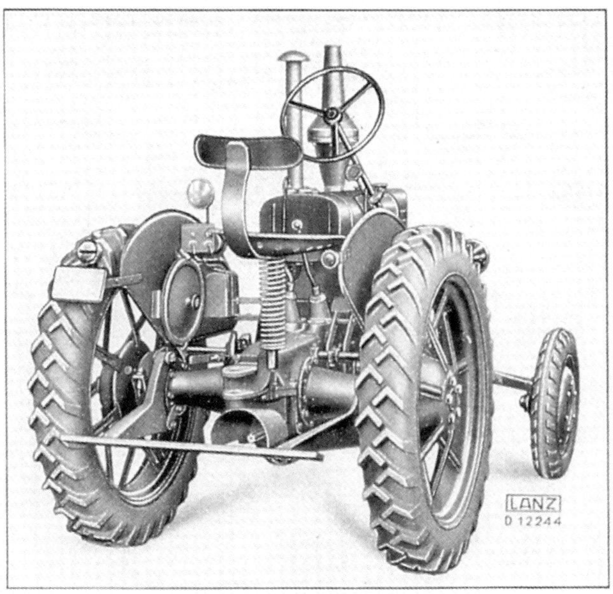

Abbildungen, Maße und Gewichte annähernd und unverbindlich.

Ing. Hansludwig Huber, der Konstrukteur, der sein Leben dem Bulldog verschrieb.

Hansludwig Huber

Ein Leben mit Kraftfahrzeugen und Schleppern

Geboren wurde ich am 20. August 1914 in Wasserburg am Inn, der Erste Weltkrieg hatte gerade begonnen. Doch an diese Zeit kann ich mich kaum mehr erinnern, nur eine kleine Episode von 1918 ist haften geblieben. Mein Vater war Soldat in München und kam gelegentlich sonntags nach Hause. Er spielte abends bei Kerzenlicht für uns zwei Kinder mit den Händen und Fingern Schattenfiguren an die Wand. Kerzenlicht mangels Petroleum begleitete mich auch noch im ersten Schuljahr, im Winter 1920/21. Unser Lehrer klebte zur ersten Morgenstunde ein paar Weihnachtskerzchen als Beleuchtung auf die Schultafel. Im September 1920 hatte das Schuljahr begonnen, doch schon an Ostern 1921 war es zu Ende, der Schulbeginn war umgestellt worden. Von 1925 bis 1931 besuchte ich die „Realschule" (Realgymnasium) in Wasserburg. Hier waren nur sechs Klassen zu absolvieren, zum Weitermachen hätte man mit der Bahn in das 20 Kilometer entfernte Rosenheim fahren müssen. Eine Berufsvorstellung hatte ich damals, 1930, noch nicht. Eines Tages kam unser Schuldirektor in die Klasse und erzählte uns, daß die Reichswehr technisch begabte Schulabgänger zur Ausbildung als Feuerwerker suche. „Das wäre doch was für Dich, Huber" meinte er, denn es war allbekannt, daß ich Pulver für Raketen fabrizierte und Spielzeugautos oder kleine Schiffchen damit antrieb. Meine Schulleistungen waren besonders in den Fremdsprachen recht mäßig und die Aussichten, es in der strengeren Oberrealschule Rosenheim bis zum Abitur zu bringen, praktisch gleich Null. In Chemie und Physik war ich jedoch als großer Bastler und Probierer bekannt und so meinte ich, daß ich einen guten Feuerwerker abgeben würde. Doch vor einer Einstellung war eine zweijährige Praktikantenzeit vorgeschrieben. Mein Onkel, Dr. Fritz Huber, war in Mannheim bei der Firma Heinrich Lanz als Konstruktionschef für Traktoren tätig, der Bulldog war sein Werk. Seinen Doktortitel hatte er 1919 erhalten. Ich war gerade fünf Jahre alt und meinte bei Bekanntwerden dieses Ereignisses zu meinen Eltern „Da brauchen wir ja keinen Doktor mehr zu bezahlen, wenn wir krank werden, das macht jetzt Onkel Fritz". Doch diese kindliche Meinung war nicht realisierbar. Nach Schulabschluß, es war 1931, schrieb ich an den fernen Onkel Fritz in Mannheim, ob ich nicht dort in der Fabrik praktizieren und bei ihm wohnen könnte. Von einem Praktikum wurde abgeraten, es wäre keine Berufsgrundlage meinte er, nur eine regelrechte Lehre sei sinnvoll. Und so kam ich also auf diesem Umweg erstmals mit dem Bulldog in Kontakt.

Nach einem Jahr Lehrzeit stellte ich mich im Sommer 1932 in München zur Untersuchung in einer Kaserne vor. Soldaten hatte ich bisher nur in guter Uniform bei Manövern am Inn kennengelernt. Nun sah ich sie im grauen Drillich mit Putzlappen und Eimern herumlaufen, was mir die Sache von einer ganz unbekannten und we-

Hansludwig Huber, etwa 1933 bei der Erprobung von Zusatzgreifern für Continental Wellen-Profilreifen.

nig anziehenden Seite zeigte. Ich hatte jedoch an diesem Tag nur mit einem älteren Arzt zu tun, der mich gründlich untersuchte und auch ausfragte. Als er fertig war, meinte er, ich sei für das Militär ganz ungeeignet, zwar gesund, aber mit einer leichten Rückgratverkrümmung behaftet. Doch dies sei nicht der Grund der Ablehnung, ich erschiene ihm zu eigenwillig und dickköpfig. „Machen Sie Ihre Lehre zu Ende und werden Sie etwas anderes", sagte er. 1934 war es soweit, in meiner Lehrzeit hatte ich ähnlich wie ein Praktikant, doch viel gründlicher, fast alle Teile der Fabrik kennengelernt, Gießerei und Modellherstellung, Schmiede und Gesenkfräserei, Schlepper- und Dreschmaschinenmontage, Härterei, Dreherei, Blechbearbeitung, Materialprüfung und Versuchsabteilung sowie die Schlepperreparatur des Kundendienstes. Diese Zeit hat mir sehr gefallen und gerne denke ich noch heute daran zurück.
1934 absolvierte ich ein Studium von drei Semestern an der Städt. Ingenieurschule Mannheim und wurde im Herbst 1935 zur Wehrmacht eingezogen, diesmal „Tauglich 1", von irgendwelchen Mängeln war keine Rede mehr. Ich hätte mich ja wegen des Studiums zurückstellen lassen können. Dies wollte ich aber nicht, ich dachte, das eine Jahr ist ja schnell vorbei, dann hast du davon Ruhe. Aber mit des Geschickes Mächten ... kurz vor der vorgesehenen Entlassung September 1936 wurde die Dienstzeit auf zwei Jahre verlängert, also ging es erst Herbst 1937 wieder mit dem Studium weiter bis Sommer 1938 mit Abschluß „sehr gut". Während der Semesterferien arbeitete ich immer in der Lanz-Bulldog-Versuchsabteilung und ging nach der Ingenieur-Prüfung ins Konstruktionsbüro Schlepper.
Drei Tage vor Kriegsbeginn 1939 wurde ich als Unteroffizier der Reserve „zu einer längerdauernden Übung" eingezogen, die dann aber sechs Jahre dauern sollte. Ab Januar 1941 war ich als Truppen-Ingenieur für Kraftfahrzeuge eingesetzt und in dieser Eigenschaft 1943 für eine Bulldogbetreuung bei der Wehrmacht im Osten vorgesehen. Aber die beginnenden Rückzüge verhinderten dies. Insgesamt hatte ich in diesen Jahren mehr Glück als Verstand und der Zufall brachte mich am Ende wieder nach Bayern, nur 30 km von Wasserburg/Inn entfernt, zur Entlassung. Noch einige Wochen nach Kriegsende waren wir eine selbständige Einheit und galten nicht als Gefangene, obwohl das berüchtigte Gefangenen-Lager Aibling ganz in der Nähe lag.
Von Wasserburg aus versuchte ich mit der Lanz-Filiale München Kontakt zu bekommen und konnte nach einigen Schwierigkeiten nach München ziehen, um als Reisemonteur tätig zu sein. Fast ein Jahr war ich in der Filialwerkstätte, dann übernahm ich den Montagering Niederbayern. Im Frühjahr 1949 bewarb ich mich wieder in Mannheim, naheliegend wäre eine Beschäftigung als Kundendienst-Ingenieur gewesen, doch ich entschied mich auch diesmal wieder für das Bulldog-Konstruktionsbüro, wo ich anfäng-

lich für Anbaugeräte, dann für Schlepperaufbau und schließlich für Getriebe als Zahnradspezialist tätig war. In letzterer Eigenschaft war ich über zwanzig Jahre beschäftigt und habe auch für den DIN (Deutsches Institut für Normung)-Ausschuß Antriebstechnik vieles und Entscheidendes beigetragen z. B. Getriebepaßsysteme, Zahnwellenverbindungen. Ende August 1979 schied ich mit 65 Jahren aus meiner Firma John Deere, dem ehemaligen Lanz-Werk in Mannheim, aus. Auch heute noch fühle ich mich mit dieser Firma so sehr verbunden, daß ich von Zeit zu Zeit einen Kurzbesuch mache.

Mit meiner Frau lebe ich in der Nähe von Bad Dürkheim, nur 20 km von Mannheim entfernt. Wir haben drei gesunde Kinder, welche inzwischen erwachsen sind und ebenfalls im Berufsleben stehen. Es freut mich besonders, daß auch eines meiner Kinder, meine Tochter, bei der Firma John Deere arbeitet, wodurch unser traditionsreicher Name in diesem Werk bis heute erhalten geblieben ist.

Hansludwig Huber

Vorbereitungen zur DLG-Ausstellung 1939

Im Sommer 1938 hatte ich mein Studium als Ingenieur abgeschlossen und trat wieder in meine alte Firma Lanz als Konstrukteur ein, in der ich schon eine dreijährige Schlosser-Lehre mitgemacht hatte. Wir bereiteten damals die Neuentwicklungen zur nächstjährigen DLG vor, einen 25-PS-Bulldog vom Typ HN mit verstellbarer Spurweite, Kraftheber mit Vierpunkt-Parallelogramm, Lenkbremsen und schmalen, hohen Rädern. Vor allem aber war der neue Kleinschlepper-Typ HE in Arbeit, der alle altversierten Leute beschäftigte und ebenfalls die Ausrüstung wie der HN-Hackschlepper erhalten sollte.

Als junger Anfänger rechnet man natürlich nicht damit, gleich große Konstruktionsaufträge zu bekommen. Die Arbeitsüberhäufung verschaffte jedoch auch einem Greenhorn interessante Neuentwicklungen. So beschäftigte ich mich zuerst mit dem Vorderrad eines neuen Dreirad-Hackschleppers-HN, der jedoch zurückgestellt wurde. Die Teilezeichnungen waren schon fertig, doch die Versuchsteile wurden zugunsten der Vierradbulldogs nicht mehr gefertigt, es wurden alle Mann dafür benötigt.

Ich sollte nun eine Vierpunkt-Parallelogramm-Hebeschiene entwerfen, an der man verschiedene Bodenbearbeitungswerkzeuge befestigen konnte. Dies hielt ich nicht für zweckmäßig und ich konnte meinen Chef, Herrn Lentz, auch davon überzeugen, daß es besser wäre, die Trageschiene den Geräten zuzuordnen, da das ewige Werkzeugwechseln und jeweils einzelne Befestigen zu aufwendig wäre. Dafür wollte ich die Hebevorrichtung mit vier Fangmäulern ausstatten, mit denen die festmontierten Geräte unterfangen und hochgehoben wurden. So wurde die

Mit dieser Konstruktion von Hansludwig Huber war das Wechseln von Anhängegeräten in kürzester Zeit möglich.

Die großen Hinterräder brachten zunächst erhebliche Schwierigkeiten bei der Felgenkonstruktion, bis Hansludwig Huber das Speichenrad baute.

Vorrichtung auch ausgeführt. Das Hebegetriebe dazu wurde von einem Spezialisten konstruiert. Die hohen schmalen Hinterräder des HN-Hackschleppers bereiteten große Schwierigkeiten. Sie flatterten so sehr, daß man den Bruch der Hinterachsen abwarten konnte. Die Konstrukteure, ebenso die Mitarbeiter aus dem Versuch und schließlich Herr Neumann, der Hersteller und Leiter der Blechbearbeitung, bemühten sich mit immer neuen Formen, eingepreßten Sicken und Wölbungen um eine Lösung. Als ich zufällig einmal bei einer wiederum erfolglosen Erprobung dabei war und beiläufig erwähnte, daß die Räder wohl viel zu schwer seien, bekam ich postwendend den Auftrag, leichtere zu entwerfen. Nun hatte also ich den Schwarzen Peter in Händen und konnte mich bewähren oder blamieren. Ich dachte an die extrem leichten Fahrradräder, deren Speichenbau ja auch bei Motorrädern und sogar bei Autos Verwendung fand. In wenigen Tagen war ein geschweißtes Rad entworfen, welches aus einer Felge ohne jede Versteifung, dazu aus breitem Flachstahl (40 x 3 mm-Speichen mit Längssicke) gepreßt war. Das schüsselartige Innenteil wurde aus einer stabilen Platte gefertigt. Ich kümmerte mich selbst um die Herstellung und so war in Kürze das erste Paar fertiggestellt. Verglichen mit den bisherigen Rädern sahen die neuen wie ein Spielzeug aus. Der Bulldog stand beim Lauf aber nun völlig ruhig und so war wenigstens dieses Ziel erreicht. Ich machte mir nur Sorge um die Dauerfestigkeit der Schweißnähte an den Speichen. Wir hatten den ersten Satz wohl mit größter Sorgfalt hergestellt, aber in der Serienfertigung waren Schweißkerben sicher unvermeidlich. Unser Versuchsleiter Oberingenieur Künzel allerdings war der Meinung, daß dieses Spielzeug umgehend zusammenknicken würde, was er uns sogleich beweisen wollte. Wir hatten den Schlepper am Konstruktionsbau vorgefahren, um ihn mit stolzgeschwellter Brust zu zeigen. Künzel holte nun einen kräftigen Bulldog herbei, stellte ihn quer zu unserem und zog das gute Stück seitlich weg. Wer den robusten Künzel näher gekannt hat, wird verstehen, daß mir nun doch etwas bange wurde. Dazu beobachteten uns aus den Fenstern des Konstruktionsbüros die Konstrukteure. Unser technischer Direktor Ehlers, mein Onkel Dr. Huber, Anton Lentz und ich standen mit gehörigem Abstand daneben. Künzel riß nach Kräften an der Hinterachse, kam schließlich an einen Bordstein und warf unseren Schlepper fast um. Jedoch außer ein wenig Gummiabrieb am Pflaster brachte er nichts zuwege. Die Räder hatten ihre erste Probe bestanden und gingen also in Vorserie. Später wurde auch der neue HE-Kleinschlepper mit ähnlichen Speichenrädern wie der Hackschlepper ausgerüstet.

Schon bei der allerersten DLG-Ausstellung hatte Max Eyth den eisernen Grundsatz aufgestellt, nach Annahmeschluß keinerlei weitere Ausstellungsstücke zuzulassen, seien sie auch noch so interessant und neu, oder gar von den renommiertesten Herstellern. Wer nicht rechtzeitig da war, konnte wieder heimfahren. So wurde uns die Zeit zur Ausstellung sehr knapp, alle Kräfte konzentrierten sich auf den völlig neuen HE-Bulldog. Die drei zu bauenden HN-Hackschlepper kamen ins Hintertreffen, die Firmenleitung konnte und wollte aber darauf nicht verzichten.

Da ich mich einerseits mit einigen Neuerungen am HN-Bulldog konstruktiv befaßt hatte und mit den anderen auch annähernd bekannt war, andererseits in meiner Lehrzeit fast alle Betriebsabteilungen durchlaufen hatte und mich gut auskannte, sollte ich nun den Zusammenbau der drei HN-Bulldogs, der ins Stocken geraten war, leiten. Dies hieß zuallererst einige Teile in der Fertigung durchzuziehen. Die Firma war damals mehr als voll beschäftigt, die Serienteile beanspruchten die ganze Kraft der Mitarbeiter und so war es eine arge Bettelei. Ich mußte mit meinen paar Sonderteilen von Meister zu Meister ziehen und ihnen gut zureden. Ich hätte mir ja von Direktor Ehlers ein Machtwort erbeten können, was er vorzüglich konnte, doch hielt ich mich lieber an den alten Spruch „Wo nichts ist, hat selbst der Kaiser die Macht verloren". Man reißt da bloß zwei neue Löcher auf, um eines zuzustopfen, deshalb wollte ich es lieber mit Güte machen.

Schließlich konnte der Bau des Bulldogs weitergeführt werden und es ging soweit alles gut, bis auf die Lenkbremsen. Wir hatten uns zuerst auf einen Schlepper konzentriert, der eiligst zur Gerätefirma Sack gehen mußte, denn dort waren noch Huckepackgeräte anzupassen und ein Schlepper war der Firma Sack für ihren Messestand fest zugesagt worden. Die Lenkbremsen, eine Neukonstruktion von Herrn Lentz, waren als Außenbandbremsen mit Servowirkung für vor- und rückwärts ausgelegt. Bei der Herstellung waren die Versuchsteile zu ungenau geraten, die Bänder nicht rund genug, so daß die Beläge nicht satt auflagen. Man benötigte mehr als den vollen Bremshebelweg um die Unrundheit der Außenbänder zu überwinden, deshalb blieb keinerlei Bremswirkung mehr übrig. Herr Lentz wollte schon verzagen und allerlei an den Bremsnocken ändern und aufschweißen, doch ich redete es ihm aus und versprach das zweite Bremspaar eigenhändig herzurichten, es müßte auch in zeichnungsgerechter Ausführung funktionieren. Ehlers stimmte zu, den ersten Schlepper ohne Bremswirkung an Sack zu geben, dort würde er nur am Stand stehen. Wir teilten Sack also mit, beim Verladen und Transport besonders vorsichtig zu sein, der äußerste Versandtermin war gekommen.

Auf die Fertigstellung eines zweiten HN für unseren eigenen Stand hatte man seit der Bremsenmisere nicht mehr gehofft. Wir hatten schon viele Wochen lang die Samstagnachmittage und sonntags durchgearbeitet, von täglichen Überstunden nicht zu reden, sogar die beiden Osterfeiertage mußten dran glauben. Nun versuchten wir, den heißen Wunsch von Ehlers zu erfüllen und auch unseren Schlepper fertigzubringen, möglichst vorführbereit, wir selbst hatten ebenfalls das größte Interesse daran.

Ich benutzte die Gußbremsscheiben als Richtamboß und bemühte mich, die Bremsbänder rund und verdrillungsfrei zu hämmern. Das gelang mir auch ziemlich gut. Nun nietete ich die Beläge möglichst sattsitzend auf und touchierte sie mit Kreide auf die Scheiben, wobei ich mit der Feile nachhalf. Völlig gelang es mir nicht, die Nachgiebigkeit zu vermeiden, doch die Bremsen funktionierten nun einwandfrei. Eine konstruktive Änderung war nicht nötig, später, mit Biege- und Schweißvorrichtungen, würden sie noch wesentlich besser werden. Spät nach Betriebsschluß einsam auf dem Weg zum einzigen noch offenen Fabriktor an der Gießerei begegnete ich Direktor Ehlers, der auch erst jetzt den Nachhauseweg fand. Ich sagte ihm, daß nun der zweite Schlepper versandbereit sei und ich hoffe, auch den dritten noch fertigzubringen. Dies gelang uns auch zu aller Freude in wenigen Tagen. Nun hatten wir selbst einen am Stand und noch einen weiteren für das Versuchsfeld übrig.

Ehlers zeigte sich dankbar, ich durfte auf die Ausstellung nach Leipzig fahren. Unsere Hackschlepper waren dort eine sensationelle Neuheit, also hatte sich unser harter Einsatz gelohnt. Es lohnte sich auch für mich auf der Gehaltsabrechnung, denn ich bekam zu meinem Anfangsgehalt von 250 Reichsmark ganze 50 RM mehr, auf heute umgerechnet also ein schöner Batzen Geld.

Ebenfalls wußte ich damals nicht, daß eine Schiebe- und Klemmnabe zu meinen Hinterrädern, welche ich anschließend entwarf, auf lange Jahre meine letzte Konstruktion sein sollte. Wenige Tage nach dem anschließenden und wohlverdienten Urlaub bekam ich eines Sonntags einen Umschlag mit Eilpost, der mich als Reserveunteroffizier zu einer „Längerdauernden Übung" einberief. Die Übung stellte sich als ziemlich lang und lebensgefährlich heraus, und erst im Juni 1945 zog ich den grauen Rock wieder aus. Das gefräßige Untier Krieg hatte mich mit viel Glück und ohne Schaden ganz nahe meiner Heimat Wasserburg am Inn wieder ausgespuckt.

Walter Dittler – vom Lehrling zum Betriebsleiter

Walter Dittler

Mein Lebensweg

Am 14. Februar 1922 wurde ich als zweiter Sohn des Eisendrehers Ludwig Wilhelm Dittler und dessen Ehefrau Luise geb. Jung in Mannheim geboren. Mein Bruder Willi Dittler war bereits sieben Jahre alt und hatte die erste Welterschütterung hinter sich, als es bei mir gerade anfing. Die Zeit vor und nach 1922 bekam ich im heranwachsenden Schulalter, durch Erzählen meiner Eltern und später in der Schule beim Geschichtsunterricht sowie aus Zeitungsberichten mit. Durch die einzelnen Machtkämpfe der vielen Parteien, 31 an der Zahl, und durch die Inflation 1923/1924 mußte sich der größte Teil der Bevölkerung mühsam durchschlagen. Als ich in die Volksschule kam, war die Zeit noch nicht besser, immer mehr Leute waren ohne Arbeit und die Massenarbeitslosigkeit stieg. Auch mein Vater war betroffen, wie so viele. Ich kann mich noch gut an die Zeit ab 1928 erinnern. Mein Vater bekam 19 Reichsmark in der Woche als Arbeitslosengeld. Das Geld war knapp und überall mußte gespart werden. Unsere Schuhe beispielsweise wurden mit alten Fahrrad- oder Autoreifen besohlt.

Mit der Reichsgründung im Januar 1933 ging dann die Arbeitslosenzahl zurück, die Wirtschaftslage besserte sich. Die Firma Heinrich Lanz, die ebenfalls stark von dieser Krise betroffen war und weit weniger Beschäftigte hatte als noch Jahre vorher, stellte wieder Leute ein. Auch mein Vater hatte das Glück, hier wieder Arbeit zu finden.

Im Jahre 1937 ging dann meine Volksschulzeit zu Ende. Frühzeitig bewarb ich mich bei verschiedenen Firmen, unter anderem auch bei der Firma Heinrich Lanz, die mir als erste Firma antwortete. Nachdem alle Bedingungen und die Aufnahmeprüfungen erfüllt waren, bekam ich die Zusage. Somit begann im April 1937 der erste Ausbildungstag.

Da ich nur 1,62 m groß war, mußte ich mich bei Schraubstockarbeiten etwas strecken, deshalb bekam ich einen Holzuntersatz, um darauf zu stehen, denn es gab noch keine höhenverstellbaren Schraubstöcke. Dies sah anfänglich etwas komisch aus, aber man gewöhnte sich schnell daran. Als Werkzeugmacher-Lehrling hatte ich ab dem dritten Lehrjahr die Möglichkeit, auch Vorrichtungen für die Fertigung herzustellen. Gute Arbeiten wurden oft mit Fotoaufnahmen belohnt. Durch besondere Leistungen war es mir möglich, die Facharbeiterprüfung nach drei Jahren mit der Note gut abzulegen, was mit einem Buchpreis belohnt wurde. Mit einer feierlichen Freisprechung wurde ich zusammen mit weiteren 69 Lehrlingen am 1. April 1940 zum Jungfacharbeiter entlassen.

Nun begann ein neuer Lebensabschnitt, denn man mußte versuchen, sich auf eigene Füße zu stellen und das Erlernte nutzbringend anzuwenden. Ich kam zur Betriebsmittel-Konstruktion und fing als technischer Zeichner mit einem Monatslohn von 90 Reichsmark an. Von diesem Zeitabschnitt an war ich eng mit dem Lanz-Bulldog verbunden. Man lernte die einzelnen Werkstücke kennen, für die die Betriebsmittel konstruiert werden mußten. Das Arbeitsgebiet war interessant,

Walter Dittler, links, im 3. Lehrjahr. Die Vorrichtungen vor ihm und in der Mitte wurden von ihm hergestellt.

vielseitig und machte mir Freude. Ab November 1940 wurde ich als Techniker eingestuft, doch ab 1941 mußte ich die Arbeit unterbrechen, da ich zur Wehrmacht-Luftnachrichtentruppe eingezogen wurde. 1943 kam die Versetzung zur Fallschirm-Pioniertruppe, mein Dienstrang war Unteroffizier. Das Kriegsende erlebte ich am 8. Mai 1945 in Holstein im englisch besetzten Gebiet. Da wir als eine selbständige Einheit galten, waren wir nur drei Tage Kriegsgefangene bei der amerikanischen Armee. Das Glück hatte mitgespielt, im Juli 1945 war ich bereits zu Hause. Ich meldete mich sofort beim Arbeitsamt und bei der Firma Lanz. Im September 1945 konnte ich meine Arbeit wieder aufnehmen, zunächst als Werkzeugmacher, kurze Zeit danach wieder als technischer Zeichner mit einem Brutto-Monatslohn von 200 Reichsmark. Die Zeit nach 1945 war schlecht, man lebte hauptsächlich von Lebensmittel- und Kleiderbezugsmarken. Die Hamsterei blühte, jeder versuchte zu überleben. Im Jahr 1948 kam die Währung „Stunde 0" und man mußte mit 40 neuen D-Mark anfangen.
Ja, wie ging es weiter bei Lanz? Das Werk war fast vollständig zerstört. Doch da es ein Landwirtschafts-Unternehmen war, durfte bald wieder produziert werden. Wir wurden zu Reparaturen, Aufräumungsarbeiten und zum Säubern der Zubringerstraße zum Bahnhof von Schutt eingesetzt. Die Produktion lief unter erschwerten Bedingungen wieder an, die Leute mußten unter freiem Himmel arbeiten. Die Maschinen wurden notdürftig abgedeckt und im Winter baute sich so mancher neben seiner Maschine einen Kanonenofen auf. Als die Zeit etwas besser wurde, konnte ich wieder im Konstruktionsbüro arbeiten. Ich versuchte aus meinem Berufsleben etwas zu machen, wobei auch das Glück später etwas mitspielte. Inzwischen besuchte ich die Abendfachschule und erwarb den Abschluß des staatlich geprüften Maschinentechnikers. Als Konstrukteur war es mir möglich, die Vielfalt der Maschinen kennenzulernen, und so konnte ich für viele Bulldog-Teile Vorrichtungen und Werkzeuge jeder Art konstruktiv entwickeln. Es war mir möglich, 1957 für ein paar Wochen bei Lanz Iberica in Getafe im schönen Spanien zu arbeiten. Ich hatte die Aufgabe, die Anschlußmaße der Werkzeugmaschinen für die Vorrichtungen und Werkzeuge zu erfassen.
So lief der Faden bis zum Tag der Ernennung zum Betriebsleiter. Die Ernennung zum „Be-

triebsleiter der mechanischen Fertigung" erfolgte 1965. In letzterer Eigenschaft war ich 22 Jahre tätig, und leitete die Automatendreherei, Bohrerei, Fräserei und die Kleinteilefertigung. Ende März 1987 schied ich im Alter von 65 Jahren und nach einer fünfzigjährigen Betriebszugehörigkeit aus meiner Firma John Deere, dem ehemaligen Lanz-Werk, aus.
Der betriebliche Abschluß fand mit einer Ehrung und Verleihung der „Ehrenmedaille" durch die Landesregierung Baden-Württemberg statt.
Bei der allgemeinen Jubilarfeier wurde mir als Dienstältester die John-Deere-Ehrennadel durch Herrn Vizepräsident Dr. Michael Frank überreicht.
Mein Ziel habe ich erreicht und kann nun meinen Ruhestand genießen.
Auch heute noch stehe ich in ständiger Verbindung mit meiner Firma und verfolge mit regem Interesse das betriebliche Geschehen.

Walter Dittler

Das Interview

Herr Dittler, Sie sind am 31. März 1987 aus der Firma John Deere in Mannheim nach fünfzigjähriger Betriebszugehörigkeit ausgeschieden, um in den wohlverdienten Ruhestand zu gehen. Das heißt, Sie sind schon vor dem Zweiten Weltkrieg in diese Firma eingetreten. Bitte erzählen Sie, wie Sie damals zur Firma Lanz gekommen sind.

Nach dem Ende meiner Schulzeit habe ich mich bei verschiedenen Mannheimer Firmen schriftlich beworben. Es war keine gute Zeit für einen Lehrstellensuchenden. Obwohl damals, es war Anfang des Jahres 1937, Hochkonjunktur herrschte, gab es weitaus mehr Bewerber als Lehrstellen-Angebote. Viele waren froh, wenn sie irgendwo unterkamen und lernten dann eben den Beruf, für welchen sie die Lehrstelle bekommen haben.
Die erste Firma, die mir dann auf meine Bewerbungen geantwortet hatte, war die Firma Lanz. Ich wurde an einem bestimmten Tag zusammen mit anderen Bewerbern eingeladen, um eine Vorprüfung abzulegen. Nach der Auswertung war ich dann benachrichtigt worden, daß ich eine

Ehrung und Verabschiedung von Walter Dittler am 31. 3. 1987 nach 50 Jahren Betriebszugehörigkeit.

Fräsvorrichtung mit hydraulischer Spannung zum Fräsen des Bulldog-Getriebegehäuses.

Lehre beginnen konnte. Am 1. April mußte ich mich an der Hauptpforte melden. Insgesamt stellte die Firma Lanz in diesem Jahr 150 Lehrlinge ein. Wir wurden vom stellvertretenden Leiter der Lehrwerkstatt an der Pforte abgeholt und marschierten in Dreierreihe in die Lehrwerkstatt. Nach der Begrüßung machte man uns mit den Örtlichkeiten vertraut. Danach wurden wir nach der Berufswahl aufgeteilt und den einzelnen Fachlehrmeistern zugewiesen. In den folgenden Monaten erhielten wir eine gründliche Ausbildung im Feilen, Drehen, Fräsen, Bohren, Hobeln, Schleifen und Schweißen. Danach ging es in die verschiedenen Werkstätten wie etwa die Schmiede, die Blechschlosserei, die Werkzeugmacherei, die Dreherei, Fräserei, und so weiter, bis schließlich jeder Lehrling alle wichtigen Stationen durchgemacht hatte.

Herr Dittler, wie lange dauerte damals die Lehrzeit?

Ich erlernte den Beruf des Werkzeugmachers, und hier war eine Lehrdauer von vier Jahren vorgeschrieben. Allerdings hatte jeder Lehrling die Chance, bei entsprechend guten Leistungen seine Lehrzeit auf drei Jahre zu verkürzen. Wir waren etwa 40 Lehrlinge mit dem Berufsziel Werkzeugmacher, und von diesen waren es zusammen mit mir 28 Lehrlinge, deren Lehrzeit auf Grund überdurchschnittlicher Leistungen mit drei Jahren beendet werden konnte.

Jeder Lehrling konnte sich im Verlauf der Lehre von seiner Führung, Leistung und seinem Fleiß selbst überzeugen. Hierzu war eine Leistungstafel gegenüber des Lehrlingsleiterbüros aufgestellt mit der Einteilung erstes, zweites, drittes und viertes Lehrjahr. Die Namen der Lehrlinge waren, alphabetisch geordnet, in diesen Tabellen eingetragen. Dahinter kamen dann die Leistungskurven. Mal ging es rauf und mal ging es runter. Jedes Vierteljahr wurde dann die Mitte genommen und eine gestrichelte Linie eingezeichnet, so daß sich jeder Lehrling selbst beurteilen und mit den anderen vergleichen konnte.

Schwenkbare Bohrvorrichtung für Arbeiten auf der Auslegebohrmaschine.

Herr Dittler, wie Sie eingangs schilderten, wurden alle wichtigen Abteilungen von den Lehrlingen durchlaufen. Zählte hierzu auch die Versuchswerkstatt?
Nein, die Versuchswerkstatt war für uns nicht erreichbar. Zu diesen Hallen hatten nur jene Leute Zutritt, die darin arbeiteten.

Herr Dittler, wenn man sich mit der Geschichte der Firma Lanz auseinandersetzt, so muß man feststellen, daß Heinrich Lanz zu seinen Lebzeiten ein gerechter, aber auch ein strenger Vorgesetzter war. Er war damals zwar schon über 30 Jahre tot, aber bestimmt noch nicht vergessen. Mußten sich die Lehrlinge bei entsprechendem Fehlverhalten noch Sprüche gefallen lassen wie etwa: Wenn das der alte Lanz gesehen hätte, so könntest du jetzt etwas erleben?
Die Zeit, als Heinrich Lanz seinen Mitarbeitern noch Respekt verschafft hatte, war vergessen und vorbei, zumindest in der Lehrwerkstatt. Die Führung war streng, aber dies lag wohl mehr am Dritten Reich.
War etwa ein Lehrling zu einem Vorgesetzten einmal frech und dies war dann dem Ausbildungsleiter gemeldet worden, so mußte der Lehrling antreten und konnte sich ein paar Ohrfeigen abholen. Danach war die Sache vergessen. An Heinrich Lanz wurde in einem solchen Zusammenhang nie erinnert.

Herr Dittler, zur Zeit Ihrer Lehre war der große Bulldog-Erfinder und Pionier Fritz Huber als Direktor im Werk beschäftigt. Kannten Sie ihn persönlich oder hatten Sie Kontakt mit ihm?
Herr Dr. Huber war eine geachtete und geschätzte Persönlichkeit, die wohl jeder im Betrieb kannte. Man konnte ihn ab und zu in der Kantine speisen oder mit anderen hohen Herren zusammensitzen sehen, doch ins Gespräch sind wir nicht mit ihm gekommen.
Unter der Arbeitszeit sah man ihn so gut wie nie, er war in seine Entwicklung vertieft und hielt sich

Fräsvorrichtung zum Abfräsen der Getriebegehäuse-Stirnseite.

wohl vorwiegend in der Versuchswerkstatt auf. Und wir als Lehrlinge mit unseren 15, 16 Jahren hatten noch nicht das nötige Verständnis, um die Leistungen des Dr. Huber richtig einzuschätzen und begreifen zu können. Kurz nach meiner Lehre ist er dann gestorben, deshalb war ein persönliches Kennenlernen nicht möglich.

Herr Dittler, war es eine Auszeichnung für einen Lehrling, wenn er seinen Beruf bei der Firma Lanz erlernen konnte?
Ja. Die Firma Lanz war bekannt, hatte einen guten Ruf und eine ausgezeichnete Lehrwerkstatt, die im Dritten Reich mehrmals ausgezeichnet worden war.
Jedes Jahr waren Junggesellen aus der Lehrwerkstatt entlassen worden, die ihre Lehrzeit mit „sehr gut" beenden oder die Lehrzeit um ein halbes oder ein Jahr verkürzen konnten, und dies war immer ein Ansporn für die übrigen Lehrlinge.

Herr Dittler, wie sehen Sie Ihre Lehrzeit im nachhinein? Hatten Sie eine angenehme Lehrzeit?
Es war eine andere Zeit, strenger und organisierter, doch auch eine schöne Zeit. Gerne erinnere ich mich dabei an den Lehrmeister Laier. Kaum hatten wir uns frühmorgens um sieben hinter unserer Werkbank aufgestellt, so ging es zwei Mal in der Woche in Dreierreihen raus auf den Hof, durch die Pforte und hinüber am alten Gaswerk vorbei auf einen alten Sportplatz zum Frühsport. Immer ein schönes Lied auf den Lippen und voran Lehrmeister Laier. Hier mußten wir antreten zum Laufen, Liegestützen und Freiübungen machen. Dies dauerte dann etwa eine Stunde, dann ging es wieder zurück an den Schraubstock oder in die Abteilung, in welcher man gerade eingeteilt war.

Herr Dittler, auf Grund überdurchschnittlicher Leistungen konnten Sie Ihre Lehrzeit schon nach dem dritten Lehrjahr beenden. Wie ging es danach weiter?

Nach Beendigung der Lehrzeit erfolgte in der Kantine der „Freispruch" im Rahmen einer kleinen Feier. Hier wurde uns auch ein Buchpreis überreicht. Wir waren ja 28 Werkzeugmacher, die ihre Lehre vorzeitig beenden konnten. Dazu kamen aber aus den anderen Berufszweigen weitere Lehrlinge hinzu, so daß es alles in allem nahezu 70 Lehrlinge waren, die vorzeitig freigesprochen wurden. Danach kam die Verteilung auf die einzelnen Arbeitsplätze. Es war uns schon geraume Zeit vorher bekannt, welche Abteilungen wie viele neue Mitarbeiter suchten. So etwa suchte die Betriebsmittelkonstruktion mehrere technische Zeichner.

Ich habe mich damals für diese Abteilung gemeldet, was dann auch sofort geklappt hatte. So kam ich als technischer Zeichner in die Betriebsmittelkonstruktion. Hier wurden zunächst kleinere Vorrichtungen und Lehren konstruiert. Wir wurden vertraut gemacht mit der Lanz-Norm und mit der DIN-Norm. Man hat sich vorhandene Zeichnungen betrachtet, um überhaupt eine Vorstellung zu bekommen, was eine Vorrichtung ist, wie sie funktioniert und für welches Teil sie verwendet wurde.

So hatte jeder die Möglichkeit, sich langsam und gründlich einzuarbeiten.

Mit der Zeit wurden die Arbeiten schwieriger, es wurden Schweißvorrichtungen, Drehvorrichtungen, Fräsvorrichtungen und Bohrvorrichtungen, oft mit erhöhtem Schwierigkeitsgrad, konstruiert. Nach dem Krieg konnte ich noch die Technikerprüfung ablegen und war dann ab diesem Zeitpunkt als Konstrukteur tätig.

Herr Dittler, wann kamen Sie das erste Mal mit dem Bulldog in Berührung, können Sie sich noch erinnern?

Mit dem Bulldog bin ich in Berührung gekommen ab dem Tag, als ich als Zeichner am Reißbrett stand. Ab hier hatte man mit dem Bulldog oder mit Teilen des Bulldogs zu tun. Beim Konstruieren einer Vorrichtung hatte man wohl die Werkstückzeichnung vorliegen, doch war man immer bemüht, ein fertiges Teil oder einen Rohling zu bekommen. Diese Teile hatten durch den Guß oft Kanten oder Flächen, die aus der Zeichnung nicht herausgelesen werden konnten. Man ging damals in den Betrieb, wo die entsprechenden Teile am Bulldog besichtigt werden konnten. Und wenn man einen Bulldog vor sich hatte, so gab es immer etwas Neues an ihm zu entdecken. Vor allem bekam man einen Überblick über die Funktion der zu bearbeitenden Teile.

Herr Dittler, welche Bulldogteile wurden mit Ihren Vorrichtungen bearbeitet?

Im Laufe der Jahre waren es sehr viele Vorrichtungen, die ich jetzt im einzelnen nicht alle aufzählen kann. Doch kann ich mich noch gut erinnern, daß ich Vorrichtungen und Werkzeuge konstruiert habe, mit welchen etwa Hebel bearbeitet wurden, oder Getriebegehäuse, Kurbelgehäuse, Kolben, der Auspuffstutzen, Grobblechteile wie auch Vorderachsteile oder Bremstrommeln und Achstrichter. Man kann sagen, so quer durch den Bulldog.

Herr Dittler, nach welchen Gesichtspunkten wurde eine Vorrichtung konstruiert? Konnten Sie sich frei entfalten oder hatten Sie Vorgaben?

Die Bearbeitung eines bestimmten Teils war von der Arbeitsvorbereitung vorgegeben. Hierzu gab es den Arbeitsablaufsplan. Das Teil mußte ja nach bestimmten Gesichtspunkten bearbeitet werden: rationell, wirtschaftlich, billig, qualitätsbewußt und sauber. Dazu erstellte die Arbeitsvorbereitung den Kalkulationsplan, worin die Bearbeitungsmaschine, der jeweilige Arbeitsgang, das Gewicht des Werkstücks und die Bearbeitungsart vorgeschrieben waren. Die wichtigsten Vorgaben waren jedoch die Bearbeitungszeit und der Preis, den jeder Arbeitsgang kosten durfte. Durch diese Vorgaben war man sehr gebunden und eingeengt, so daß keine unnötigen Arbeitsgänge oder Bearbeitungsvorgänge eingeplant werden konnten.

Herr Dittler, Sie haben Ihren Beruf bis Ende März 1987 ausgeübt. Dadurch kennen Sie den Streß, der heute in den Betrieben herrscht. Sie kennen auch die Auswirkungen der landwirtschaftlichen Überproduktion durch die EWG und deren Folgen, die sich sehr stark auf die gefertigten Schleppereinheiten und den immer härter werdenden Konkurrenzkampf unter den einzelnen Schlepperherstellern auswirkt. Gab es diesen Streß, diese Hektik

und den harten Konkurrenzkampf auch schon in den Jahren vor dem Krieg?
Nein, die Konkurrenz war vor dem Krieg bei weitem nicht so stark. Sie war wohl da mit Inlandsfirmen, auch im Ausland gab es sie. Der harte Konkurrenzkampf setzte erst in den fünfziger Jahren ein. Die Arbeit war ruhiger, das Wort Streß kannte man damals noch nicht. Doch die wöchentliche Arbeitszeit dauerte damals noch 52 Stunden, dazu mußten die Leute körperlich noch schwerer arbeiten. Denken Sie mal an den Arbeiter, der beispielsweise die Kolben der HR-Serie bearbeitet hatte, von denen einer ein Rohgewicht von etwa 75 Pfund hatte. Bis er am Abend seine Stückzahl erreicht hatte, mußte er Tonnen bewegen.

Herr Dittler, ich bedanke mich sehr für dieses Gespräch, auch im Namen meiner Leser, und würde mich freuen, wenn das Interview im nächsten Buch fortgesetzt werden könnte.

Typenübersicht mit Fahrgestellnummern

75001 - 75180	HR 4	22/28-Kühler-Bulldog	1928–29
75181 - 86681	HR 5	15/30-Kühler-Bulldog	1929–35
	HR 6	22/38-Kühler-Bulldog	1929–35
	HR 6	24/40-Teeröl-Bulldog	1929–35
	HR 6	22/38-Russen-Bulldog (Prototyp)	1930
	HR 6	22/38-Ketten-Bulldog (Prototyp)	1934–35
100001 - 100678	HN 1	12/20-Bulldog 1. Generation	1932–33
100679 - 101272	HN 2	12/20-Bulldog 2. Generation	1933–34
110001 - 112000	HN 3	20 PS normale Dauerleistung	1935–36
112001 - 112006	HN 4	25 PS Höchstleistung	1936
112007 - 125000	HN 3	25 PS Höchstleistung	1937–41
125001 - 150000	HR 7 / HR 8	30- und 38-PS-Bulldog (Dauerl.)	1935–36
	HR 7 / HR 8	35- und 45-Bulldog (Höchstl.)	1937–39
	HR 8	55-PS-Bulldog	1938–39
	HRK	Raupen-Bulldog	1935–39
150001 - 152415	HR 9	55-PS-Eil-Bulldog	1937–44
175001 - 186586	HN 5	20-PS-Bauern-Bulldog	1937–42
210001 - 2.	HN 3	25-PS-Allzweck-Bulldog	1939–42
250001 - 250276	HE 1	15-PS-Allzweck-Bulldog	1939–42
(250277 - 250300	HE 1	15-PS-Allzweck-Bulldog	1942–43)
625001 - 644863	HR 7	35-PS-Bulldog	1940–44
	HR 8	45-PS-Bulldog	1940–44
	HR 8	55-PS-Bulldog	1940–44
500001 - 509185	HN 3	25-PS-Bulldog (Höchstl.)	1941–44

Bulldogs, welche zwischen 1942 und 1944 ausgeliefert wurden, waren für nichtlandwirtschaftliche Zwecke bestimmt oder wurden exportiert.

Die Originalliste, von der diese Tabelle abgeleitet ist, stammt aus dem Jahr 1942. In der Zwischenzeit gewonnene neue Erkenntnisse wurden in der hier vorliegenden Liste schon berücksichtigt. Deshalb ist beim Vergleich mit den Daten von 1942 eine gewisse Vorsicht geboten.

Gleich muß er laufen: Gespannte Gesichter beim Starten eines Bulldogs, danach Bulldog-Parade des ersten Lanz-Bulldog-Clubs der DDR, Leipzig.
Bilder: Hans-Adolf Hahn

Schnittbild Zylinderkopf, Wasserkasten, Achslager

Bei dem vorliegenden Buch handelt es sich um die Fortsetzung des im Juni 1987 erschienenen Titels

„LANZ von 1859 bis 1929“,

der über den KMH-Verlag, 7157 Murrhardt 3 bezogen werden kann.

FÜR SCHLEPPER-FANS

Armin Bauer

Schlepper

Die Entwicklungsgeschichte des Schlepperbaus in Deutschland von der Dampflokomobile bis zum Traktor, wie ihn jeder kennt.
143 Seiten, 226 Abb., 19 Tab., geb.
ISBN 3-440-05726-7

Armin Bauer

Hanomag-Schlepper

Die Geschichte des Schlepperbaus bei Hanomag von den 20er Jahren bis zur Aufgabe dieses Produktionszweiges 1971.
143 Seiten, 165 Abb., 33 Tab., geb.
ISBN 3-440-05922-7

Wolfgang H. Gebhard

Taschenbuch Deutscher Schlepperbau

Band 1: A–K/Band 2: Kr–Z
In alphabetischer Reihenfolge handelt der Autor erstmals die über 200 deutschen Hersteller von Traktoren, Raupenschleppern und Tragpflügen von 1896 bis heute ab.
Band 1: 256 S., 225 Abb., kart.
ISBN 3-440-05808-5
Band 2: 254 S., 227 Abb., kart.
ISBN 3-440-05856-5

Überall dort, wo es Bücher gibt!

franckh Technik

Franckh'sche Verlagshandlung · Stuttgart